食品添加剂速查手册

各类食品允许使用的添加剂及其限量

上海市质量监督检验技术研究院　编著

化学工业出版社
·北京·

内 容 简 介

本手册依据《食品安全国家标准 食品添加剂使用标准》（GB 2760—2024）写作，涵盖的食品包括：01.0 乳及乳制品；02.0 脂肪，油和乳化脂肪制品；03.0 冷冻饮品；04.0 水果、蔬菜（包括块根类）、豆类、食用菌、藻类、坚果以及籽类等；05.0 可可制品、巧克力和巧克力制品（包括代可可脂巧克力及制品）以及糖果；06.0 粮食和粮食制品，包括大米、面粉、杂粮、块根植物、豆类和玉米提取的淀粉等；07.0 焙烤食品；08.0 肉及肉制品；09.0 水产及其制品（包括鱼类、甲壳类、贝类、软体类、棘皮类等水产及其加工制品等）；10.0 蛋及蛋制品；11.0 甜味料，包括蜂蜜；12.0 调味品；13.0 特殊膳食用食品；14.0 饮料类；15.0 酒类；16.0 其他类。每个大类下辖若干子类，子类由若干亚类构成。各种食品在此体系中都有分类编号，每种编号对应性能相似的若干种食品。本手册以食品编号为搜索目录，注明了不同食品允许使用的食品添加剂品种和最大使用量，为食品从业人员和监管人员在工作中提供了简洁的搜索途径。

图书在版编目（CIP）数据

食品添加剂速查手册 ：各类食品允许使用的添加剂

及其限量 / 上海市质量监督检验技术研究院编著 .

北京 ： 化学工业出版社，2025. 2. -- ISBN 978-7-122

-47623-4

Ⅰ . TS202.3-62

中国国家版本馆CIP数据核字第20253K3G38号

责任编辑：李建丽	文字编辑：李 雪
责任校对：李露洁	装帧设计：张 辉

出版发行：化学工业出版社（北京市东城区青年湖南街 13 号　邮政编码 100011）

印　　装：大厂回族自治县聚鑫印刷有限责任公司

710mm×1000mm　1/16　印张 6½　字数 94 千字　2025 年 6 月北京第 1 版第 1 次印刷

购书咨询：010-64518888　　　　　　　　　　售后服务：010-64518899

网　　址：http://www.cip.com.cn

凡购买本书，如有缺损质量问题，本社销售中心负责调换。

定　　价：39.00 元

作者情况介绍

　　周羽，女，上海市质量监督检验技术研究院工程师，主要从事标准化研究工作，参与 *Meat, fish and their products — Determination of sulfite (sulphite) content — Acid-base titration Method*（ISO/WD 24104）等数项国际标准制定，主持和参与《食品安全国家标准 食品营养强化剂 烟酰胺》（GB 1903.45—2020）等多项国家标准制定，相关研究成果也在行业内推广使用，曾获得全国商业科技进步奖一等奖。主编《实用食品添加剂及实验》，参编《国内外化妆品标准比对——韩国》《上海市食品安全政策文件汇编》等著作，发表《国内外化妆品稳定性测试标准和法规》《母乳化脂质研究进展》等多篇学术论文。

　　周家春，男，华东理工大学教授，上海市食品添加剂和配料行业协会副秘书长，长期从事于食品和食品添加剂的教学与研究，曾主编《食品工艺学》《食品感官分析》等教材，主持制定《食品安全国家标准 食品添加剂 焦磷酸一氢三钠》（GB 1886.348—2021）等十余项国家标准。曾获上海市科技进步二等奖、华东理工大学育英奖一等奖、中国石油和化学工业优秀出版物奖等多个奖项。

前　言

　　《食品安全国家标准　食品添加剂使用标准》（GB 2760—2024）已经公告，在 2025 年 2 月 8 日实施。与 GB 2760—2014 相比，GB 2760—2024 增加了十年来国家卫生健康委员会的公告内容，删除了部分食品添加剂品种，增补了多个食品添加剂新品种，多个食品添加剂扩大使用范围，修改了食品添加剂的使用规定，包括部分食品分类名称等。

　　虽然 GB 2760—2024 的变动较大，但其主体表达方式没有改变，还是以食品添加剂品种为叙述点，列出不同食品允许使用的食品添加剂名称和最大使用量。对于不熟悉《食品安全国家标准　食品添加剂使用标准》（GB 2760—2024）的人员来说，了解食品添加剂的使用范围（许可范围、豁免范围）已经不易，而掌握具体食品种类的开发和生产中允许使用哪些添加剂及其最大使用量则更加困难，这部分恰恰是避免监管矛盾的关键。本手册从 GB 2760—2024 的食品分类角度出发，重新组合了食品添加剂的分类，不但方便了食品从业人员的研究、生产、销售，也方便了市场监管人员的监督审查。

　　本手册涵盖了 GB 2760—2024 全部内容以及截至 2025 年 2 月国家卫生健康委员会公告的食品添加剂新品种、食品添加剂扩大使用范围的内容，希望能为食品从业人员的工作提供方便。本手册不足之处敬请批评指正，若有编写错误，望能及时联系编者以便修正。

编　者
2025 年 3 月

目 录

序号	食品分类号	食品类别／名称
33	02.01.01	植物油脂　／7
34	02.01.01.01	植物油　／7
35	02.01.01.02	氢化植物油　／8
36	02.01.02	动物油脂（包括猪油、牛油、鱼油和其他动物脂肪等）／8
37	02.01.03	无水黄油，无水乳脂　／8
38	**02.02**	**水油状脂肪乳化制品（02.02.01.01 黄油和浓缩黄油除外）**　／8
39	02.02.01	脂肪含量 80% 以上的乳化制品　／8
40	02.02.01.01	黄油和浓缩黄油　／8
41	02.02.01.02	人造黄油（人造奶油）及其类似制品（如黄油和人造黄油混合品）／8
42	02.02.02	脂肪含量 80% 以下的乳化制品　／8
43	02.03	02.02 类以外的脂肪乳化制品，包括混合的和（或）调味的脂肪乳化制品　／9
44	02.04	脂肪类甜品　／9
45	02.05	其他油脂或油脂制品（仅限植脂末）／9
46	03.0	冷冻饮品（03.04 食用冰除外）／9
47	03.01	冰淇淋、雪糕类　／10
48	03.02	—　／10
49	03.03	风味冰、冰棍类　／10
50	03.04	食用冰　／11
51	03.05	其他冷冻饮品　／11

序号	食品分类号	食品类别／名称
109	04.04.01.03.01	炸制豆干　／20
110	04.04.01.03.02	卤制豆干　／20
111	04.04.01.03.03	熏制豆干　／20
112	04.04.01.03.04	其他豆干　／20
113	04.04.01.04	腐竹类（包括腐竹、油皮等）／20
114	04.04.01.05	新型豆制品（大豆蛋白及其膨化食品、大豆素肉等）／20
115	04.04.01.06	熟制豆类　／20
116	04.04.02	发酵豆制品　／20
117	04.04.02.01	腐乳类　／20
118	04.04.02.02	豆豉及其制品（包括纳豆）／21
119	04.04.03	其他豆制品　／21
120	**04.05**	**坚果和籽类**　／21
121	04.05.01	新鲜坚果与籽类　／21
122	04.05.02	加工坚果与籽类　／21
123	04.05.02.01	熟制坚果与籽类（仅限油炸坚果与籽类）／21
124	04.05.02.01.01	带壳熟制坚果与籽类　／22
125	04.05.02.01.02	脱壳熟制坚果与籽类　／22
126	04.05.02.02	—　／22
127	04.05.02.03	坚果与籽类罐头　／22
128	04.05.02.04	坚果与籽类的泥（酱），包括花生酱等　／22

序号	食品分类号	食品类别/名称
129	04.05.02.05	其他加工的坚果与籽类（如腌渍的果仁）/22
130	05.0	**可可制品、巧克力和巧克力制品（包括代可可脂巧克力及制品）以及糖果** /22
131	05.01	**可可制品、巧克力和巧克力制品，包括代可可脂巧克力及制品** /23
132	05.01.01	可可制品（包括以可可为主要原料的脂、粉、浆、酱、馅等）/23
133	05.01.02	巧克力和巧克力制品、除05.01.01以外的可可制品 /23
134	05.01.03	代可可脂巧克力及其制品 /23
135	05.02	**糖果** /24
136	05.02.01	胶基糖果 /24
137	05.02.02	除胶基糖果以外的其他糖果 /25
138	05.03	**糖果和巧克力制品包衣** /25
139	05.04	**装饰糖果（如工艺造型，或用于蛋糕装饰）、顶饰（非水果材料）和甜汁** /25
140	06.0	**粮食和粮食制品，包括大米、面粉、杂粮、块根植物、豆类和玉米提取的淀粉等（不包括07.0类焙烤制品）** /25
141	06.01	**原粮** /26
142	06.02	**大米及其制品** /26
143	06.02.01	大米 /26
144	06.02.02	大米制品 /26
145	06.02.03	米粉（包括汤圆粉等）/26
146	06.02.04	米粉制品 /26
147	06.03	**小麦粉及其制品** /26

序号	食品分类号	食品类别／名称
228	09.03.03	鱼子制品　／42
229	09.03.04	风干、烘干、压干等水产品　／42
230	09.03.05	其他预制水产品（如鱼肉饺皮）　／42
231	09.04	**熟制水产品（可直接食用）**／42
232	09.04.01	熟干水产品　／42
233	09.04.02	经烹调或油炸的水产品　／43
234	09.04.03	熏、烤水产品　／43
235	09.04.04	发酵水产品　／43
236	09.04.05	鱼肉灌肠类　／43
237	09.05	**水产品罐头**　／43
238	09.06	**其他水产品及其制品**　／43
239	10.0	**蛋及蛋制品**　／43
240	10.01	**鲜蛋**／43
241	10.02	**再制蛋（不改变物理性状）**／43
242	10.02.01	卤蛋　／43
243	10.02.02	糟蛋　／43
244	10.02.03	皮蛋　／44
245	10.02.04	咸蛋　／44
246	10.02.05	其他再制蛋　／44

序号	食品分类号	食品类别 / 名称
247	10.03	**蛋制品（改变其物理性状）[10.03.01 脱水蛋制品（如蛋白粉、蛋黄粉、蛋白片）、10.03.03 蛋液与液态蛋除外]** / 44
248	10.03.01	脱水蛋制品（如蛋白粉、蛋黄粉、蛋白片） / 44
249	10.03.02	热凝固蛋制品（如蛋黄酪、皮蛋肠） / 44
250	10.03.03	蛋液与液态蛋 / 44
251	10.04	**其他蛋制品** / 44
252	11.0	**甜味料，包括蜂蜜** / 45
253	11.01	**食糖** / 45
254	11.01.01	白砂糖及白砂糖制品、绵白糖、红糖、冰片糖 / 45
255	11.01.02	赤砂糖、原糖、其他糖和糖浆 / 45
256	11.02	**淀粉糖（食用葡萄糖、低聚异麦芽糖、果葡糖浆、麦芽糖、麦芽糊精、葡萄糖浆等）** / 45
257	11.03	**蜂蜜及花粉** / 45
258	11.03.01	蜂蜜 / 46
259	11.03.02	花粉 / 46
260	11.04	**餐桌甜味料** / 46
261	11.05	**调味糖浆** / 46
262	11.05.01	水果调味糖浆 / 47
263	11.05.02	其他调味糖浆 / 47
264	11.06	**其他甜味料** / 47
265	12.0	**调味品（12.01 盐及代盐制品、12.09 香辛料类除外）** / 47

序号	食品分类号	食品类别／名称
326	14.05.01	茶（类）饮料　／60
327	14.05.02	咖啡（类）饮料　／60
328	14.05.03	植物饮料　／60
329	**14.06**	**固体饮料**　／61
330	14.06.01	一　／61
331	14.06.02	蛋白固体饮料　／61
332	14.06.03	速溶咖啡　／61
333	14.06.04	其他固体饮料　／61
334	**14.07**	**特殊用途饮料**　／61
335	**14.08**	**风味饮料**　／62
336	**14.09**	**其他类饮料**　／63
337	**15.0**	**酒类**　／63
338	**15.01**	**蒸馏酒**　／63
339	15.01.01	白酒　／63
340	15.01.02	调香蒸馏酒　／63
341	15.01.03	白兰地　／63
342	15.01.04	威士忌　／64
343	15.01.05	伏特加　／64
344	15.01.06	朗姆酒　／64
345	15.01.07	其他蒸馏酒（仅限龙舌兰酒）　／64

序号	食品分类号	食品类别 / 名称
346	15.02	**配制酒** / 64
347	15.03	**发酵酒（15.03.01 葡萄酒除外）** / 65
348	15.03.01	葡萄酒 / 65
349	15.03.01.01	无汽葡萄酒 / 65
350	15.03.01.02	起泡葡萄酒 / 65
351	15.03.01.03	调香葡萄酒 / 65
352	15.03.01.04	特种葡萄酒（按特殊工艺加工制作的葡萄酒，如在葡萄原酒中加入白兰地，浓缩葡萄汁等） / 66
353	15.03.02	黄酒 / 66
354	15.03.03	果酒 / 66
355	15.03.04	蜂蜜酒 / 66
356	15.03.05	啤酒和麦芽饮料 / 66
357	15.03.06	其他发酵酒类（充气型） / 66
358	16.0	**其他类（01.0～15.0 类除外）** / 66
359	16.01	**果冻** / 67
360	16.02	**茶叶、咖啡和茶制品** / 67
361	16.02.01	茶叶、咖啡 / 67
362	16.02.02	茶制品（包括调味茶和代用茶） / 68
363	16.03	**胶原蛋白肠衣** / 68
364	16.04	**酵母及酵母类制品** / 68
365	16.04.01	干酵母 / 68

本书使用说明

查阅本书内容前请阅读以下提示：

① 本书的查阅依据上位法原则，例如，一级编号"05.0 可可制品、巧克力和巧克力制品（包括代可可脂巧克力及制品）以及糖果"，允许使用的添加剂是"爱德万甜（0.0005g/kg），巴西棕榈蜡（0.6g/kg）等"简称 A；二级编号"05.01 可可制品、巧克力和巧克力制品，包括代可可脂巧克力及制品"，允许使用的添加剂是"β-胡萝卜素（0.1g/kg），阿斯巴甜（3.0g/kg），二氧化钛（2.0g/kg）等"简称 B；三级编号"05.01.01 可可制品（包括以可可为主要原料的脂、粉、浆、酱、馅等）"，允许使用的添加剂是"二氧化硅（15.0g/kg），硅酸钙（按生产需要适量使用）"简称 C。则 05.01.01 可可制品允许使用的添加剂是 A+B+C。上位编号不覆盖的品种需注明，如一级编号"02.0 脂肪，油和乳化脂肪制品"允许使用"丙二醇脂肪酸酯（10.0g/kg）（02.01 基本不含水的脂肪和油除外），茶黄素（0.4g/kg），丁基羟基茴香醚（0.2g/kg）等"，但有排除说明"02.02.01.01 黄油和浓缩黄油除外"。

② 盐类食品添加剂的最大使用量以对应的酸计，如"山梨酸及其钾盐"的最大使用量以山梨酸计，"苯甲酸及其钠盐"的最大使用量以苯甲酸计，"D-异抗坏血酸及其钠盐"的最大使用量以抗坏血酸计，"甜蜜素（又名环己基氨基磺酸钠），环己基氨基磺酸钙"的最大使用量以环己基氨基磺酸计。其余类推。

③ 油溶性食品抗氧化剂的最大使用量以食品中油脂含量为基数，如"丁基羟基茴香醚"在饼干中的使用量以油脂中的含量计，"茶多酚"在油炸肉类中的使用量以油脂中儿茶素计。其余类推。

④ "二氧化硫及亚硫酸盐"的最大使用量以二氧化硫残留量计，"硫磺"只限用于熏蒸，最大使用量以二氧化硫残留量计。

⑤ 天然提取物的最大使用量以有效成分计，如"甘草抗氧化物"的最大使用量以甘草酸计，"姜黄"的最大使用量以姜黄素计，"番茄红"的最大使用量以番茄红素计，"番茄红素"的最大使用量以纯番茄红素计，"皂树皮提取物"的最大使用量以皂素计。

⑥ "磷酸及磷酸盐"可单独或混合使用，最大使用量以磷酸根（PO_4^{3-}）计。

⑦ 着色剂及其铝色淀使用量以着色剂计，如"柠檬黄及其铝色淀"的最大使用量以柠檬黄计，"赤藓红及其铝色淀"的最大使用量以赤藓红计。其余类推。

⑧ 在"液态饮料"中添加剂的最大使用量以即饮状态计，相应的固体饮料按稀释倍数增加使用量，如用于果冻粉，则按冲调倍数增加。

⑨ 食品分类号没有对应食品名称的，往往是该分类号对应的食品名已不再使用，如"01.05.02"无食品名，该分类号对应的原是"凝固稀奶油"，现已无该产品分类，以"—"表示。

在此统一说明，文中不再标注。

序号	食品分类号	食品类别/名称	说明	允许使用的食品添加剂种类和最大剂量
1	01.0	乳及乳制品（13.0 特殊膳食用食品涉及品种除外）（01.01.01 巴氏杀菌乳、01.01.02 灭菌乳和高温杀菌乳、01.02.01 发酵乳、01.03.01 乳粉和奶油粉和 01.05.01 稀奶油除外）	—	丙二醇脂肪酸酯（5.0g/kg），海藻酸丙二醇酯（3.0g/kg），磷酸及磷酸盐（5.0g/kg），乳酸链球菌素（0.5g/kg），碳酸氢三钠（又名倍半碳酸钠）（按生产需要适量使用）（仅限羊奶）
2	01.01	巴氏杀菌乳、灭菌乳、高温杀菌乳和调制乳	—	—
3	01.01.01	巴氏杀菌乳	对生乳进行巴氏杀菌等工序加工的液体产品	不得使用任何品种添加剂
4	01.01.02	灭菌乳和高温杀菌乳	灭菌乳是以生牛乳为原料，经净乳、冷藏、标准化、均质、超高温杀菌（135～150 ℃，0.5～2s）、冷却后经无菌灌装制成的液体产品，保质期为常温下 6 个月。高温杀菌乳是以生牛乳为原料，经净乳、冷藏、标准化、均质、近超高温杀菌的条件下杀菌（121～125 ℃，5～15 s）、冷却、灌装制成的液体产品，保质期为冷藏温度下 15 天	不得使用任何品种添加剂
5	01.01.03	调制乳	以强化营养或提高风味为主要目的，在原乳中添加营养强化剂或食品添加剂，并经适当杀菌或灭菌制成的液体产品。产品中原乳含量不低于 80%	β-胡萝卜素（1.0g/kg），阿斯巴甜（0.6g/kg），番茄红素（0.015g/kg），海藻酸丙二醇酯（4.0g/kg），红米红（按生产需要适量使用），红曲米（按生产需要适量使用），红曲红（按生产需要适量使用），琥珀酸单甘油酯（5.0g/kg），聚甘油脂肪酸酯（10.0g/kg），聚葡萄糖（按生产需要适量使用），麦芽糖醇（按生产需要适量使用），麦芽糖醇液（按生产需要适量使用），纽甜（0.02g/kg），氢氧化钙（按生产需要适量使用），日落黄及其铝色淀（0.05g/kg），乳糖酶

序号	食品分类号	食品类别／名称	说明	允许使用的食品添加剂种类和最大剂量
5	01.01.03	调制乳	以强化营养或提高风味为主要目的，在原乳中添加营养强化剂或食品添加剂，并经适当杀菌或灭菌制成的液体产品。产品中原乳含量不低于80%	（按生产需要适量使用），三氯蔗糖（0.3g/kg），三赞胶（0.5g/kg），双乙酰酒石酸单双甘油酯（5.0g/kg），司盘类（3.0g/kg），甜菊糖苷（0.18g/kg），甜菊糖苷（酶转化法）（0.18g/kg），吐温类（1.5g/kg），维生素E（0.2g/kg），胭脂红及其铝色淀（0.05g/kg），叶黄素（0.05g/kg），异麦芽酮糖（按生产需要适量使用），硬脂酰乳酸钠（2.0g/kg），硬脂酰乳酸钙（2.0g/kg），蔗糖脂肪酸酯（3.0g/kg）
6	01.02	发酵乳和风味发酵乳		—
7	01.02.01	发酵乳	以生乳或复原乳为原料，杀菌后以嗜热链球菌、保加利亚乳杆菌等乳酸菌为菌种发酵制成的产品	不得使用任何品种添加剂
8	01.02.02	风味发酵乳	发酵乳中选择性添加食品添加剂、营养强化剂、果蔬、谷物等原料制成的产品。可以在发酵前或发酵后添加，产品中原乳含量不低于80%	β-阿朴-8'-胡萝卜素醛（0.015g/kg），β-胡萝卜素（1.0g/kg），阿斯巴甜（1.0g/kg），爱德万甜（0.006g/kg），安赛蜜（0.35g/kg），氮气（按生产需要适量使用），二氧化碳（按生产需要适量使用），番茄红（0.006g/kg），番茄红素（0.015g/kg），谷氨酰胺转氨酶（0.3g/kg），海藻酸丙二醇酯（4.0g/kg），红曲米（0.8g/kg），红曲红（0.8g/kg），聚葡萄糖（按生产需要适量使用），决明胶（2.5g/kg），可得然胶（按生产需要适量使用），可溶性大豆多糖（6.0g/kg），亮蓝及其铝色淀（0.025g/kg），麦芽糖醇（按生产需要适量使用），麦芽糖醇液（按生产需要适量使用），柠檬黄及其铝色淀（0.05g/kg），纽甜（0.1g/kg），日落黄及其铝色淀（0.05g/kg），乳糖酶（按生产需要适量使用），三氯蔗糖（0.3g/kg），双乙酰酒石酸单双甘油酯（10.0g/kg），天门冬酰苯丙氨酸甲酯乙酰磺胺酸（0.79g/kg），甜菊糖苷（0.2g/kg），甜菊糖苷（酶转化法）（0.2g/kg），甜蜜素（0.65g/kg），胭脂虫红及其铝色淀（0.05g/kg），胭脂红及其铝色淀（0.05g/kg），叶黄素（0.05g/kg），异麦芽酮糖（按生产需要适量使用），硬脂酰乳酸钠（2.0g/kg），硬脂酰乳酸钙（2.0g/kg），蔗糖脂肪酸酯（1.5g/kg），植物炭黑（5.0g/kg）

序号	食品分类号	食品类别／名称	说明	允许使用的食品添加剂种类和最大剂量
9	01.03	乳粉和奶油粉及其调制产品（01.03.01 乳粉和奶油粉除外）	—	二氧化硅（15.0g/kg），硅酸钙（按生产需要适量使用），抗坏血酸棕榈酸酯（0.2g/kg），氢氧化钙（按生产需要适量使用），双乙酰酒石酸单双甘油酯（10.0g/kg），辛、癸酸甘油酯（按生产需要适量使用）
10	01.03.01	乳粉和奶油粉	乳粉是原乳的粉状干制品，奶油粉是稀奶油的粉状干制品	磷酸及磷酸盐（10.0g/kg）
11	01.03.02	调制乳粉和调制奶油粉	以强化营养或提高风味为主要目的，在原料中添加营养强化剂或食品添加剂制成的乳粉或奶油粉，产品中乳固体含量不低于70%	β-胡萝卜素（1.0g/kg），阿斯巴甜（2.0g/kg），姜黄（0.4g/kg），聚甘油脂肪酸酯（10.0g/kg），抗坏血酸棕榈酸酯（酶法）（0.2g/kg），纽甜（0.065g/kg），氢氧化钾（按生产需要适量使用），乳糖酶（按生产需要适量使用），三氯蔗糖（1.0g/kg），甜菊糖苷（0.3g/kg），甜菊糖苷（酶转化法）（0.3g/kg），胭脂虫红及其铝色淀（0.6g/kg），胭脂红及其铝色淀（0.15g/kg），异构化乳糖（15.0g/kg）
12	01.04	炼乳及其调制产品	包括淡炼乳和调制炼乳	麦芽糖醇（按生产需要适量使用），麦芽糖醇液（按生产需要适量使用），山梨糖醇（按生产需要适量使用），山梨糖醇液（按生产需要适量使用）
13	01.04.01	淡炼乳（原味）	炼乳是原乳真空浓缩后的产品，原乳中乳固体一般在11%左右，炼乳中乳固体不低于25%	海藻酸丙二醇酯（5.0g/kg）
14	01.04.02	调制炼乳（包括加糖炼乳及使用了非乳原料的调制炼乳等）	在炼乳中选择性添加食糖、食品添加剂和营养强化剂、辅料，产品有加糖炼乳、调制甜炼乳及其他使用了非乳原料的调制炼乳	红曲米（按生产需要适量使用），红曲红（按生产需要适量使用），焦糖色（加氨生产）（2.0g/kg），焦糖色（普通法）（按生产需要适量使用），焦糖色（亚硫酸铵法）（1.0g/kg），亮蓝及其铝色淀（0.025g/kg），柠檬黄及其铝色淀（0.05g/kg），日落黄及其铝色淀（0.05g/kg），乳糖酶（按生产需要适量使用），胭脂虫红及其铝色淀（0.15g/kg），胭脂红及其铝色淀（0.05g/kg）
15	01.05	稀奶油（淡奶油）及其类似品（01.05.01 稀奶油除外）	包括稀奶油、调制稀奶油和稀奶油类似品	β-胡萝卜素（0.02g/kg），阿斯巴甜（1.0g/kg），聚甘油脂肪酸酯（10.0g/kg），纽甜（0.033g/kg），乳糖酶（按生产需要适量使用），双乙酰酒石酸单双甘油酯（6.0g/kg），司盘类（10.0g/kg）

序号	食品分类号	食品类别/名称	说明	允许使用的食品添加剂种类和最大剂量
16	01.05.01	稀奶油	稀奶油以离心方式将原乳中脂肪分离富集的产品。原乳中乳脂肪含量一般在3%～3.5%，稀奶油中乳脂肪含量不低于10.0%	瓜尔胶（1.0g/kg），决明胶（2.5g/kg），氯化钙（按生产需要适量使用），乳酸脂肪酸甘油酯（5.0g/kg），吐温类（1.0g/kg），叶绿素铜（按生产需要适量使用），硬脂酰乳酸钠（5.0g/kg），硬脂酰乳酸钙（5.0g/kg），蔗糖脂肪酸酯（2.5g/kg）
17	01.05.02	—	—	—
18	01.05.03	调制稀奶油	在稀奶油中选择性添加食品添加剂、营养强化剂或其他原料的产品	可得然胶（按生产需要适量使用），聚甘油蓖麻醇酸酯（10.0g/kg），氯化钙（按生产需要适量使用），吐温类（1.0g/kg），硬脂酰乳酸钠（5.0g/kg），硬脂酰乳酸钙（5.0g/kg），蔗糖脂肪酸酯（10.0g/kg）
19	01.05.04	稀奶油类似品	以植物油代替奶油构成的油包水型乳化休系。形态类似于稀奶油，大部分裱花蛋糕的裱花层使用这类产品	麦芽糖醇（按生产需要适量使用），麦芽糖醇液（按生产需要适量使用），硬脂酰乳酸钠（5.0g/kg），硬脂酰乳酸钙（5.0g/kg），蔗糖脂肪酸酯（10.0g/kg）
20	01.06	干酪、再制干酪、干酪制品及干酪类似品	包括非熟化干酪、熟化干酪、乳清干酪、再制干酪、干酪制品、干酪类似品和乳清蛋白干酪	刺云实胶（8.0g/kg），硅酸钙（按生产需要适量使用），纳他霉素（0.3g/kg）（表面使用，残留量＜10mg/kg），溶菌酶（按生产需要适量使用），山梨酸及其钾盐（1.0g/kg），双乙酰酒石酸单双甘油酯（10.0g/kg），纤维素（按生产需要适量使用），胭脂虫红及其铝色淀（0.1g/kg）
21	01.06.01	非熟化干酪	牛、羊乳经凝乳酶或酸化作用凝结、排乳清后，未经后期成熟加工的产品	β-胡萝卜素（0.6g/kg），阿斯巴甜（1.0g/kg），谷氨酰胺转氨酶（0.3g/kg）
22	01.06.02	熟化干酪	非熟化干酪经酶反应和菌种发酵，发生特征性的生化和物理改变的干酪，如蓝纹干酪由娄地青霉等发酵成熟。根据其含水率不同，熟化干酪有软质、半硬质、硬质或特硬质	β-胡萝卜素（1.0g/kg），胭脂树橙（0.6g/kg）

5

序号	食品分类号	食品类别 / 名称	说明	允许使用的食品添加剂种类和最大剂量
23	01.06.03	乳清干酪	乳清干酪是以乳清为主要原料（也可以加乳），通过发酵或调酸，控制酸度到pH5.9～6.0，加热到79～85℃，保持15～30分钟，使乳清蛋白与少量酪蛋白一起凝结上浮，过滤分离而成。乳清口感清爽，奶味醇厚	—
24	01.06.04	再制干酪及干酪制品	再制干酪以成熟干酪为原料，添加乳和非乳成分，经加热熔化、乳化等工艺制成的产品。因成品可以杀菌，保质期长，解决了普通干酪保质期有限的难题	β-阿朴-8'-胡萝卜素醛（0.018g/kg），β-胡萝卜素（1.0g/kg），辣椒油树脂（按生产需要适量使用），磷酸及磷酸盐（14.0g/kg），三氯蔗糖（0.2g/kg），甜菊糖苷（0.4g/kg），甜菊糖苷（酶转化法）（0.4g/kg），胭脂树橙（0.6g/kg）
25	01.06.04.01	普通再制干酪	不添加调味料、水果、蔬菜和（或）肉类的原味熔化干酪	—
26	01.06.04.02	调味再制干酪	添加了调味料、水果、蔬菜和（或）肉类的带有风味的熔化干酪产品	—
27	01.06.05	干酪类似品	乳脂成分部分或完全被其他脂肪所代替的类似干酪的产品	β-胡萝卜素（1.0g/kg），阿斯巴甜（1.0g/kg），琥珀酸单甘油酯（10.0g/kg），纽甜（0.033g/kg）
28	01.06.06	乳清蛋白干酪	普通干酪在酪蛋白凝结后需排乳清，乳清蛋白随之排出。乳清蛋白干酪由乳清蛋白凝固制成。用95℃高温使乳清蛋白变性，进而酸化沉淀后制成，其氨基酸构成优于普通干酪。不同于乳清干酪（01.06.03）	—

序号	食品分类号	食品类别／名称	说明	允许使用的食品添加剂种类和最大剂量
29	01.07	以乳为主要配料的即食风味食品或其预制产品（不包括冰淇淋和风味发酵乳）	包括以乳为主要配料制成的可即食的风味甜品和拼盘甜品，如掼奶油	β-胡萝卜素（1.0g/kg），阿斯巴甜（1.0g/kg），安赛蜜（0.3g/kg），琥珀酸单甘油酯（5.0g/kg），决明胶（2.5g/kg），纽甜（0.1g/kg），双乙酰酒石酸单双甘油酯（10.0g/kg），叶黄素（0.05g/kg）
30	01.08	其他乳制品（如乳清粉、酪蛋白粉等）	以上各类（01.01～01.07）未包括的其他乳制品。如乳清粉、牛奶蛋白粉、酪蛋白粉、奶片等乳制品	二氧化硅（15g/kg）（仅限奶片）
31	02.0	脂肪，油和乳化脂肪制品（02.02.01.01 黄油和浓缩黄油除外）	—	丙二醇脂肪酸酯（10.0g/kg）（02.01 基本不含水的脂肪和油除外），茶黄素（0.4g/kg），丁基羟基茴香醚（0.2g/kg），二丁基羟基甲苯（0.2g/kg），琥珀酸单甘油酯（10.0g/kg）（02.01 基本不含水的脂肪和油除外），聚甘油脂肪酸酯（20.0g/kg）（02.01 基本不含水的脂肪和油除外），抗坏血酸棕榈酸酯（0.2g/kg），抗坏血酸棕榈酸酯（酶法）（0.2g/kg），没食子酸丙酯（0.1g/kg），司盘类（15.0g/kg）（02.01.01.01 植物油，02.01.02 动物油脂，02.01.03 无水黄油、无水乳脂除外），特丁基对苯二酚（0.2g/kg）
32	02.01	基本不含水的脂肪和油	包括植物油脂，动物油脂，无水乳脂	茶多酚（0.4g/kg），茶多酚棕榈酸酯（0.6g/kg），甘草抗氧化物（0.2g/kg），羟基硬脂精（0.5g/kg），维生素 E（按生产需要适量使用），蔗糖脂肪酸酯（10.0g/kg），植酸（0.2g/kg），竹叶抗氧化物（0.5g/kg）
33	02.01.01	植物油脂	来源于可食用植物油料的食用油脂	混合三烯生育酚浓缩物（0.2g/kg），迷迭香提取物（0.7g/kg），羟基酪醇（0.05g/kg），硬脂酰乳酸钠（0.3g/kg），硬脂酰乳酸钙（0.3g/kg）
34	02.01.01.01	植物油	包括以植物油料为原料制取的原料油（植物原油）以及以植物油料或植物原油为原料制成的食用植物油脂（食用植物油）	聚甘油脂肪酸酯（10.0g/kg）（仅限煎炸用油）

序号	食品分类号	食品类别/名称	说明	允许使用的食品添加剂种类和最大剂量
35	02.01.01.02	氢化植物油	以植物原油或食用植物油为原料，经氢化和精炼处理后制得的食用油脂。氢化后油脂的饱和度上升，凝固点提高，适合作起酥油等	海藻酸丙二醇酯（5.0g/kg），甲壳素（2.0g/kg），木糖醇酐单硬脂酸酯（5.0g/kg），沙棘黄（1.0g/kg），山梨酸及其钾盐（1.0g/kg），司盘类（10.0g/kg），辛、癸酸甘油酯（按生产需要适量使用），玉米黄（5.0g/kg）
36	02.01.02	动物油脂（包括猪油、牛油、鱼油和其他动物脂肪等）	以动物（猪、牛、鱼等）脂肪加工制成的食用油脂	迷迭香提取物（0.3g/kg）
37	02.01.03	无水黄油，无水乳脂	离心获得的稀奶油经过乳脂肪球膜破碎和脱乳清，分离出几乎完全无水的乳脂产品，即无水黄油	—
38	02.02	水油状脂肪乳化制品（02.02.01.01 黄油和浓缩黄油除外）	包括脂肪含量80%以上的乳化制品和脂肪含量80%以下的乳化制品两部分。前者需主要关注抗氧化，后者有腐败变质风险	β-胡萝卜素（1.0g/kg），刺梧桐胶（按生产需要适量使用），海藻酸丙二醇酯（5.0g/kg），聚甘油蓖麻醇酸酯（10.0g/kg），磷酸及磷酸盐（5.0g/kg），双乙酰酒石酸单双甘油酯（10.0g/kg），吐温类（5.0g/kg），维生素E（0.5g/kg），硬脂酰乳酸钠（5.0g/kg），硬脂酰乳酸钙（5.0g/kg），蔗糖脂肪酸酯（10.0g/kg）
39	02.02.01	脂肪含量80%以上的乳化制品	脂肪含量80%以上的乳化脂肪制品，如黄油、浓缩黄油	淀粉磷酸酯钠（按生产需要适量使用）（02.02.01.01 黄油和浓缩黄油除外），迷迭香提取物（0.7g/kg）
40	02.02.01.01	黄油和浓缩黄油	脱水率低于无水黄油，属于"油包水"型乳化产品	单、双甘油脂肪酸酯（20.0g/kg），黄原胶（5.0g/kg）
41	02.02.01.02	人造黄油（人造奶油）及其类似制品（如黄油和人造黄油混合品）	以食用油为主要原料，加水和其他辅料乳化后制成的可塑性或流动性的产品，如人造奶油。另外还包含黄油与人造黄油（人造奶油）混合物	山梨酸及其钾盐（1.0g/kg），胭脂树橙（0.05g/kg），栀子黄（1.5g/kg）
42	02.02.02	脂肪含量80%以下的乳化制品	—	山梨酸及其钾盐（1.0g/kg）

序号	食品分类号	食品类别／名称	说明	允许使用的食品添加剂种类和最大剂量
43	02.03	02.02 类以外的脂肪乳化制品，包括混合的和（或）调味的脂肪乳化制品	02.02 类以外的脂肪乳化制品，包括无水人造奶油（人造酥油、无水酥油）、无水黄油和无水人造奶油混合品、起酥油、液态酥油、代（类）可可脂和植脂奶油等	β-胡萝卜素（1.0g/kg），阿斯巴甜（1.0g/kg），海藻酸丙二醇酯（5.0g/kg），磷酸及磷酸盐（5.0g/kg），迷迭香提取物（0.7g/kg），纽甜（0.01g/kg），山梨糖醇（按生产需要适量使用）（仅限植脂奶油），山梨糖醇液（按生产需要适量使用）（仅限植脂奶油），双乙酰酒石酸单双甘油酯（10.0g/kg），吐温类（5.0g/kg），维生素 E（0.5g/kg），硬脂酰乳酸钠（5.0g/kg），硬脂酰乳酸钙（5.0g/kg），蔗糖脂肪酸酯（10.0g/kg）
44	02.04	脂肪类甜品	包括与乳基甜品（01.07）相类似的脂基产品，如泡芙	β-胡萝卜素（1.0g/kg），阿斯巴甜（1.0g/kg），可溶性大豆多糖（10.0g/kg），纽甜（0.1g/kg），双乙酰酒石酸单双甘油酯（5.0g/kg）
45	02.05	其他油脂或油脂制品（仅限植脂末）	其他油脂或油脂制品是以上品种外的油脂或油脂制品，包括植脂末、代（类）可可脂等	β-胡萝卜素（0.065g/kg），二氧化硅（15.0g/kg），甲壳素（2.0g/kg），磷酸及磷酸盐（20.0g/kg），双乙酰酒石酸单双甘油酯（5.0g/kg），胭脂树橙（0.02g/kg），硬脂酰乳酸钠（10.0g/kg），硬脂酰乳酸钙（10.0g/kg），硬脂酰乳酸钠（2.0g/kg）（仅限粉末油脂），硬脂酰乳酸钙（2.0g/kg）（仅限粉末油脂）
46	03.0	冷冻饮品（03.04 食用冰除外）	冷冻饮品包括冰淇淋类，雪糕类、风味冰、冰棍类、食用冰及其他冷冻饮品	β-阿朴-8'-胡萝卜素醛（0.020g/kg），β-胡萝卜素（1.0g/kg），阿力甜（0.1g/kg），阿斯巴甜（1.0g/kg），爱德万甜（0.0005g/kg），安赛蜜（0.3g/kg），冰结构蛋白（按生产需要适量使用），丙二醇脂肪酸酯（5.0g/kg），刺云实胶（5.0g/kg），淀粉磷酸酯钠（按生产需要适量使用），二氧化硅（0.5g/kg），红花黄（0.5g/kg），红米红（按生产需要适量使用），红曲米（按生产需要适量使用），红曲红（按生产需要适量使用），甲壳素（2.0g/kg），姜黄（按生产需要适量使用），姜黄素（0.15g/kg），焦糖色（加氨生产）（2.0g/kg），焦糖色（普通法）（按生产需要适量使用），焦糖色（亚硫酸铵法）（2.0g/kg），聚甘油脂肪酸酯（10.0g/kg），聚葡萄糖（按生产需要适量使用），可可壳色（0.04g/kg），可溶性大豆多糖（10.0g/kg），辣椒橙（按生产需要适量使用），辣椒红（按生产需要适量使用），蓝锭果红（1.0g/kg），亮蓝及其铝色淀（0.025g/kg），磷酸及磷酸盐（5.0g/kg），罗望子多糖胶（2.0g/kg），萝卜红（按生产需要适量

序号	食品分类号	食品类别／名称	说明	允许使用的食品添加剂种类和最大剂量
46	03.0	冷冻饮品（03.04 食用冰除外）	冷冻饮品包括冰淇淋类，雪糕类，风味冰、冰棍类，食用冰及其他冷冻饮品	使用），麦芽糖醇（按生产需要适量使用），麦芽糖醇液（按生产需要适量使用），柠檬黄及其铝色淀（0.05g/kg），纽甜（0.1g/kg），葡萄皮红（1.0g/kg），普鲁兰多糖（10.0g/kg），日落黄及其铝色淀（0.09g/kg），三氯蔗糖（0.25g/kg），山梨糖醇（按生产需要适量使用），山梨糖醇液（按生产需要适量使用），双乙酰酒石酸单双甘油酯（10.0g/kg），酸性红（0.05g/kg），索马甜（0.025g/kg），糖精钠（0.15g/kg），天门冬酰苯丙氨酸甲酯乙酰磺胺酸（0.68g/kg），甜菊糖苷（0.5g/kg），甜菊糖苷（酶转化法）（0.5g/kg），甜蜜素（0.65g/kg），吐温类（1.5g/kg），苋菜红及其铝色淀（0.025g/kg），胭脂虫红及其铝色淀（0.15g/kg），胭脂红及其铝色淀（0.05g/kg），胭脂树橙（0.6g/kg），杨梅红（0.2g/kg），叶黄素（0.1g/kg），叶绿素铜钠盐（0.5g/kg），叶绿素铜钾盐（0.5g/kg），异麦芽酮糖（按生产需要适量使用），诱惑红及其铝色淀（0.07g/kg），越橘红（按生产需要适量使用），藻蓝（0.8g/kg），蔗糖脂肪酸酯（1.5g/kg），栀子黄（0.3g/kg），栀子蓝（1.0g/kg），植物炭黑（5.0g/kg），紫草红（0.1g/kg），紫甘薯色素（0.2g/kg）
47	03.01	冰淇淋、雪糕类	以乳、奶油（或人造奶油）、食糖为主要原料的乳化冷冻饮品。冰淇淋中固形物含量不低于 30%，凝冻时充气膨化，较松软。雪糕冻结时不充气膨化，固形物含量不高于 28%	海藻酸丙二醇酯（1.0g/kg），决明胶（2.5g/kg），可得然胶（按生产需要适量使用），司盘类（3.0g/kg），羧甲基淀粉钠（0.06g/kg），田菁胶（5.0g/kg），辛、癸酸甘油酯（按生产需要适量使用），亚麻籽胶（0.3g/kg），硬脂酰乳酸钠（2.0g/kg），硬脂酰乳酸钙（2.0g/kg），皂荚糖胶（4.0g/kg）
48	03.02	—	—	—
49	03.03	风味冰、冰棍类	风味冰和冰棍都是以赋予风味的饮用水为主要原料，添加适量食品添加剂以防止冻结时溶质分离析出，经速冻形成的冷冻饮品，只是产品形态不同。冰棍配料中常添加绿豆等食材	苯甲酸及其钠盐（1.0g/kg），山梨酸及其钾盐（0.5g/kg）

序号	食品分类号	食品类别／名称	说明	允许使用的食品添加剂种类和最大剂量
50	03.04	食用冰	以饮用水为原料制冰冻结而成的冷冻饮品	不得使用任何品种添加剂
51	03.05	其他冷冻饮品	除以上四类（03.01～03.04）的其他冷冻饮品，如刨冰	—
52	04.0	水果、蔬菜（包括块根类）、豆类、食用菌、藻类、坚果以及籽类等（04.01.01新鲜水果、04.01.02.04水果罐头、04.02.01新鲜蔬菜、04.02.02.01冷冻蔬菜、04.02.02.04蔬菜罐头、04.02.02.06发酵蔬菜制品、04.03.01新鲜食用菌和藻类、04.03.02.01冷冻食用菌和藻类、04.03.02.04食用菌和藻类罐头、04.05.02.03坚果与籽类罐头除外）	包括水果、蔬菜、食用真菌和藻类、豆类制品、坚果及籽类	ε-聚赖氨酸盐酸盐（0.30g/kg）
53	04.01	水果	包括新鲜水果和加工水果产品	—
54	04.01.01	新鲜水果	包括未加工新鲜水果和经不改变水果风味、质构的表面处理的新鲜水果	巴西棕榈蜡（0.0004g/kg）
55	04.01.01.01	未经加工的鲜水果	采摘后未经加工的新鲜水果	—
56	04.01.01.02	经表面处理的鲜水果	经水果表面保鲜涂膜或表面防腐处理的新鲜水果	对羟基苯甲酸酯类及其钠盐（0.012g/kg），二氧化硫及亚硫酸盐（0.05g/kg），聚二甲基硅氧烷及其乳液（0.0009g/kg），联苯醚（3.0g/kg）（仅限柑橘类），硫代二丙酸二月桂酯（0.2g/kg），吗啉脂肪酸盐果蜡（按生产需要适量使用），氢化松香甘油酯（0.5g/kg），肉桂醛（按生产需要适量使用），山梨酸及其钾盐（0.5g/kg），司盘类（3.0g/kg），松香季戊四醇酯（0.09g/kg），稳

序号	食品分类号	食品类别／名称	说明	允许使用的食品添加剂种类和最大剂量
56	04.01.01.02	经表面处理的鲜水果	经水果表面保鲜涂膜或表面防腐处理的新鲜水果	定态二氧化氯（0.01g/kg），乙氧基喹（按生产需要适量使用），蔗糖脂肪酸酯（1.5g/kg），紫胶（0.5g/kg）（仅限柑橘类），紫胶（0.4g/kg）（仅限苹果）
57	04.01.01.03	去皮或预切的鲜水果	去皮或预切后的新鲜水果。例如水果沙拉中的水果	抗坏血酸（5.0g/kg），抗坏血酸钙（1.0g/kg）
58	04.01.02	加工水果	加工后会改变原有风味、质构的水果	爱德万甜（0.12g/kg），麦芽糖醇（按生产需要适量使用），麦芽糖醇液（按生产需要适量使用），乳酸钙（按生产需要适量使用），植酸（0.2g/kg）
59	04.01.02.01	冷冻水果	在果汁或糖浆中冷冻保藏的水果，如冷冻的水果沙拉或冷冻草莓。冷冻前允许经焯水预处理	阿斯巴甜（2.0g/kg），纽甜（0.1g/kg）
60	04.01.02.02	水果干类	新鲜水果脱水干燥制成的干果产品	阿斯巴甜（2.0g/kg），二氧化硫及亚硫酸盐（0.1g/kg），硫磺（0.1g/kg）（只限用于熏蒸），纽甜（0.1g/kg），三氯蔗糖（0.15g/kg），双乙酰酒石酸单双甘油酯（10.0g/kg），糖精钠（5.0g/kg）（仅限芒果干、无花果干），诱惑红及其铝色淀（0.07g/kg）（仅限苹果干）
61	04.01.02.03	醋、油或盐渍水果	以醋、油或盐腌渍的水果，如酸橙等	β-胡萝卜素（1.0g/kg），阿斯巴甜（0.3g/kg），安赛蜜（0.3g/kg），纽甜（0.1g/kg），双乙酰酒石酸单双甘油酯（1.0g/kg）
62	04.01.02.04	水果罐头	以罐藏工艺保藏的水果，通常添加糖水为传热介质	β-胡萝卜素（1.0g/kg），阿斯巴甜（1.0g/kg），红花黄（0.2g/kg），氯化钙（1.0g/kg），柠檬酸亚锡二钠（0.3g/kg），纽甜（0.033g/kg），偏酒石酸（按生产需要适量使用），日落黄及其铝色淀（0.1g/kg）（仅限西瓜酱罐头），三氯蔗糖（0.25g/kg），天门冬酰苯丙氨酸甲酯乙酰磺胺酸（0.35g/kg），甜菊糖苷（0.27g/kg），甜菊糖苷（酶转化法）（0.27g/kg），甜蜜素（0.65g/kg），胭脂红及其铝色淀（0.1g/kg），异麦芽酮糖（按生产需要适量使用）

序号	食品分类号	食品类别／名称	说明	允许使用的食品添加剂种类和最大剂量
63	04.01.02.05	果酱	水果破碎或打浆后，添加糖或其他辅料，经浓缩、杀菌等工艺制成的酱类产品	β-胡萝卜素（1.0g/kg），阿斯巴甜（1.0g/kg），安赛蜜（0.3g/kg），苯甲酸及其钠盐（1.0g/kg）（罐头除外），茶多酚（0.5g/kg），刺云实胶（5.0g/kg），淀粉磷酸酯钠（按生产需要适量使用），对羟基苯甲酸酯类及其钠盐（0.25g/kg）（罐头除外），二氧化硫及亚硫酸盐（0.1g/kg），二氧化钛（5.0g/kg），海藻酸丙二醇酯（5.0g/kg），红曲米（按生产需要适量使用），红曲红（按生产需要适量使用），甲壳素（5.0g/kg），姜黄（按生产需要适量使用），焦糖色（加氨生产）（1.5g/kg），焦糖色（普通法）（1.5g/kg），可得然胶（按生产需要适量使用），亮蓝及其铝色淀（0.5g/kg），磷酸化二淀粉磷酸酯（1.0g/kg），罗望子多糖胶（5.0g/kg），萝卜红（按生产需要适量使用），氯化钙（1.0g/kg），柠檬黄及其铝色淀（0.5g/kg），纽甜（0.07g/kg），葡萄皮红（1.5g/kg），日落黄及其铝色淀（0.5g/kg），三氯蔗糖（0.45g/kg），山梨酸及其钾盐（1.0g/kg）（罐头除外），山梨糖醇（按生产需要适量使用），山梨糖醇液（按生产需要适量使用），羧甲基淀粉钠（0.1g/kg），糖精钠（0.2g/kg），天门冬酰苯丙氨酸甲酯乙酰磺胺酸（0.68g/kg），甜菊糖苷（0.22g/kg），甜菊糖苷（酶转化法）（0.22g/kg），甜蜜素（1.0g/kg），苋菜红及其铝色淀（0.3g/kg），胭脂虫红及其铝色淀（0.6g/kg），胭脂红及其铝色淀（0.5g/kg），胭脂树橙（0.6g/kg），叶黄素（0.05g/kg），乙二胺四乙酸二钠（0.07g/kg），异麦芽酮糖（按生产需要适量使用），硬脂酰乳酸钠（2.0g/kg），硬脂酰乳酸钙（2.0g/kg），蔗糖脂肪酸酯（5.0g/kg），栀子蓝（0.3g/kg），植物炭黑（5.0g/kg），紫胶红（0.5g/kg）
64	04.01.02.06	果泥	水果经去皮、去核、去渣、压榨而成，外观呈泥状，以冷冻保藏为佳。添加辅料、浓缩、杀菌的果泥在营养和风味方面已无特色	阿斯巴甜（1.0g/kg），纽甜（0.07g/kg），双乙酰酒石酸单双甘油酯（2.5g/kg）
65	04.01.02.07	除 04.01.02.05 以外的果酱（如印度酸辣酱）		β-胡萝卜素（0.5g/kg），阿斯巴甜（1.0g/kg），纽甜（0.07g/kg），双乙酰酒石酸单双甘油酯（5.0g/kg）

序号	食品分类号	食品类别/名称	说明	允许使用的食品添加剂种类和最大剂量
66	04.01.02.08	蜜饯	以水果为主要原料，用糖或蜂蜜熬煮或腌制，让糖充分浸润果体后适度干燥的产品	β-胡萝卜素（1.0g/kg），阿斯巴甜（2.0g/kg），苯甲酸及其钠盐（0.5g/kg），二氧化硫及亚硫酸盐（0.35g/kg），甘草酸盐（按生产需要适量使用），红花黄（0.2g/kg），甜蜜素（1.0g/kg），硫磺（0.35g/kg）（只限用于熏蒸），柠檬黄及其铝色淀（0.1g/kg），纽甜（0.3g/kg），日落黄及其铝色淀（0.1g/kg），三氯蔗糖（1.5g/kg），山梨酸及其钾盐（0.5g/kg），双乙酰酒石酸单双甘油酯（1.0g/kg），糖精钠（1.0g/kg），天然苋菜红（0.25g/kg），甜菊糖苷（3.3g/kg），甜菊糖苷（酶转化法）（3.3g/kg），苋菜红及其铝色淀（0.05g/kg），胭脂红及其铝色淀（0.05g/kg），异麦芽酮糖（按生产需要适量使用），硬脂酸镁（0.8g/kg）
67	04.01.02.08.01	蜜饯类、凉果类	以果蔬为原料，通过不同的加工方式制成的产品。包括：蜜饯类、凉果类、果脯类、话化类（甘草制品）、果丹（饼）类、果糕类	安赛蜜（0.3g/kg），赤藓红及其铝色淀（0.05g/kg），靛蓝及其铝色淀（0.1g/kg），二氧化钛（10.0g/kg），姜黄（按生产需要适量使用），亮蓝及其铝色淀（0.025g/kg），糖精钠（5.0g/kg），天门冬酰苯丙氨酸甲酯乙酰磺胺酸（0.35g/kg），甜蜜素（8.0g/kg），栀子黄（0.3g/kg）
68	04.01.02.08.02	—	—	—
69	04.01.02.08.03	果脯类	以果蔬为原料，经糖渍或煮制后烘干而成，产品表面干燥，鲜明透亮，无糖霜析出，稍有黏性，如苹果脯、桃脯等	乙二胺四乙酸二钠（0.25g/kg）（仅限地瓜果脯）
70	04.01.02.08.04	话化类	以水果为主要原料，经腌制，添加食品添加剂，加或不加糖，加或不加甘草制成的干态制品。产品有甜、酸、咸等风味，如话梅、九制陈皮、甘草金橘等	阿力甜（0.3g/kg），二氧化钛（10.0g/kg），糖精钠（5.0g/kg），甜蜜素（8.0g/kg）
71	04.01.02.08.05	果糕类	以果蔬为主要原料，经磨碎或打浆，加入糖类后经浓缩干燥制成的各种形态的糕状制品，如酸角糕、山楂糕等	罗望子多糖胶（20.0g/kg），桑椹红（5.0g/kg），糖精钠（5.0g/kg），甜蜜素（8.0g/kg）

序号	食品分类号	食品类别/名称	说明	允许使用的食品添加剂种类和最大剂量
72	04.01.02.09	装饰性果蔬	用于装饰食品的果蔬制品，如染色樱桃、红绿丝以及水果调味料等	β-胡萝卜素（0.1g/kg），阿斯巴甜（1.0g/kg），赤藓红及其铝色淀（0.1g/kg），靛蓝及其铝色淀（0.2g/kg），红花黄（0.2g/kg），姜黄（按生产需要适量使用），亮蓝及其铝色淀（0.1g/kg），柠檬黄及其铝色淀（0.1g/kg），纽甜（0.1g/kg），日落黄及其铝色淀（0.2g/kg），双乙酰酒石酸单双甘油酯（2.5g/kg），天然苋菜红（0.25g/kg），苋菜红及其铝色淀（0.1g/kg），新红及其铝色淀（0.1g/kg），胭脂红及其铝色淀（0.1g/kg），诱惑红及其铝色淀（0.05g/kg）
73	04.01.02.10	水果甜品，包括果味液体甜品	以水果为主要原料，添加糖和（或）甜味剂等其他物质制成的甜品。包括水果块和果浆的甜点凝胶、果味凝胶等。一般为即食产品	β-胡萝卜素（1.0g/kg），阿斯巴甜（1.0g/kg），纽甜（0.1g/kg），双乙酰酒石酸单双甘油酯（2.5g/kg）
74	04.01.02.11	发酵的水果制品	以水果为原料，加入盐和（或）其他调味料，经微生物发酵制成的制品。如发酵李子	β-胡萝卜素（0.2g/kg），阿斯巴甜（1.0g/kg），纽甜（0.065g/kg），双乙酰酒石酸单双甘油酯（2.5g/kg）
75	04.01.02.12	煮熟的或油炸的水果	以水果为原料，经蒸、煮、烤或油炸的制品。例如烤苹果、油炸苹果圈	阿斯巴甜（1.0g/kg），纽甜（0.065g/kg），三氯蔗糖（0.15g/kg）
76	04.01.02.13	其他加工水果	以上各类（04.01.02.01～04.01.02.12）未包括的加工水果	—
77	04.02	蔬菜	包括新鲜蔬菜和加工蔬菜制品	—
78	04.02.01	新鲜蔬菜	包括未经加工的、经表面处理的，以及去皮、切块或切丝的新鲜蔬菜。豆芽菜也属于新鲜蔬菜	—
79	04.02.01.01	未经加工鲜蔬菜	—	不得使用任何品种添加剂

序号	食品分类号	食品类别／名称	说明	允许使用的食品添加剂种类和最大剂量
80	04.02.01.02	经表面处理的新鲜蔬菜	在蔬菜表面作防脱水涂膜或防腐保鲜处理的新鲜蔬菜	对羟基苯甲酸酯类及其钠盐（0.012g/kg），聚二甲基硅氧烷及其乳液（0.0009g/kg），硫代二丙酸二月桂酯（0.2g/kg），山梨酸及其钾盐（0.5g/kg），司盘类（3.0g/kg），松香季戊四醇酯（0.09g/kg），稳定态二氧化氯（0.01g/kg）
81	04.02.01.03	去皮、切块或切丝的蔬菜	—	抗坏血酸（5.0g/kg），抗坏血酸钙（1.0g/kg）
82	04.02.01.04	芽菜类	以大豆、绿豆等为原料，经浸泡发芽后的制品	不得使用任何品种添加剂
83	04.02.02	加工蔬菜（04.02.02.01 冷冻蔬菜和 04.02.02.06 发酵蔬菜制品除外）	包括除去皮、预切和表面处理以外的所有其他加工方式的蔬菜	纽甜（0.033g/kg），植酸（0.2g/kg）
84	04.02.02.01	冷冻蔬菜	新鲜蔬菜经焯洗等预处理并冷冻。例如速冻玉米、速冻豌豆、速冻的经整体加工的番茄	阿斯巴甜（1.0g/kg）
85	04.02.02.02	干制蔬菜	新鲜蔬菜的脱水干燥制品。包括干制蔬菜粉	β-胡萝卜素（0.2g/kg），阿斯巴甜（1.0g/kg），二氧化硫及亚硫酸盐（0.2g/kg），硫磺（0.2g/kg）（只限用于熏蒸），双乙酰酒石酸单双甘油酯（10.0g/kg）
86	04.02.02.03	腌渍的蔬菜	以新鲜蔬菜为主要原料，经醋、盐、油或酱油等腌渍加工而成的制品	L（+）-酒石酸（3.0g/kg），dl-酒石酸（3.0g/kg），β-胡萝卜素（0.132g/kg），β-环状糊精（0.5g/kg），阿斯巴甜（0.3g/kg），安赛蜜（0.3g/kg），苯甲酸及其钠盐（1.0g/kg），靛蓝及其铝色淀（0.01g/kg），二氧化硫及亚硫酸盐（0.1g/kg），红花黄（0.5g/kg），红曲米（按生产需要适量使用），红曲红（按生产需要适量使用），姜黄（0.01g/kg），辣椒红（按生产需要适量使用），辣椒油树脂（按生产需要适量使用），亮蓝及其铝色淀（0.025g/kg），麦芽糖醇（按生产需要适量使用），麦芽糖醇液（按生产需要适量使用），柠檬黄及其铝色淀（0.1g/kg），纽甜（0.01g/kg），葡萄糖酸亚铁（0.15g/kg）（仅限橄榄），乳酸钙（10.0g/kg），乳酸链球菌素（0.5g/kg），三氯蔗糖（0.25g/kg），山梨酸及其钾盐（1.0g/kg），山梨糖醇（按生产

序号	食品分类号	食品类别 / 名称	说明	允许使用的食品添加剂种类和最大剂量
86	04.02.02.03	腌渍的蔬菜	以新鲜蔬菜为主要原料，经醋、盐、油或酱油等腌渍加工而成的制品	需要适量使用），山梨糖醇液（按生产需要适量使用），双乙酰酒石酸单双甘油酯（2.5g/kg），糖精钠（0.15g/kg），天门冬酰苯丙氨酸甲酯乙酰磺胺酸（0.20g/kg），甜菊糖苷（0.23g/kg），甜菊糖苷（酶转化法）（0.23g/kg），甜蜜素（1.0g/kg），脱氢乙酸及其钠盐（0.3g/kg），苋菜红及其铝色淀（0.05g/kg），胭脂红及其铝色淀（0.05g/kg），乙二胺四乙酸二钠（0.25g/kg），栀子黄（1.5g/kg），栀子蓝（0.5g/kg）
87	04.02.02.04	蔬菜罐头	以罐藏工艺保藏的蔬菜，如清水笋、清水荸荠等	β-胡萝卜素（0.2g/kg），阿斯巴甜（1.0g/kg），二氧化硫及亚硫酸盐（0.05g/kg），二氧化硫及亚硫酸盐（0.2g/kg）（仅限银条菜），红花黄（0.2g/kg），磷酸及磷酸盐（5.0g/kg），氯化钙（1.0g/kg），柠檬酸亚锡二钠（0.3g/kg），乳酸钙（3.0g/kg），叶绿素铜钠盐（0.5g/kg），叶绿素铜钾盐（0.5g/kg），乙二胺四乙酸二钠（0.25g/kg）
88	04.02.02.05	蔬菜泥（酱），番茄沙司除外	以新鲜蔬菜为原料，经烹熟、研磨、压榨等工艺制成的泥状或酱状蔬菜制品。例如土豆泥、蚕豆泥、红椒泥等	β-胡萝卜素（1.0g/kg），阿斯巴甜（1.0g/kg），红曲米（按生产需要适量使用），红曲红（按生产需要适量使用），乙二胺四乙酸二钠（0.07g/kg）
89	04.02.02.06	发酵蔬菜制品	以新鲜蔬菜为原料，加入盐和（或）其他调味料，经微生物发酵制成的制品	阿斯巴甜（2.5g/kg），甜菊糖苷（0.20g/kg），甜菊糖苷（酶转化法）（0.20g/kg）
90	04.02.02.07	经水煮或油炸的蔬菜	—	阿斯巴甜（1.0g/kg），双乙酰酒石酸单双甘油酯（2.5g/kg）
91	04.02.02.08	其他加工蔬菜	以上各类（04.02.02.01～04.02.02.07）未包括的加工蔬菜	β-胡萝卜素（1.0g/kg），阿斯巴甜（1.0g/kg），双乙酰酒石酸单双甘油酯（2.5g/kg）
92	04.03	食用菌和藻类	包括新鲜食用菌和藻类以及加工制品	—
93	04.03.01	新鲜食用菌和藻类	包括未经加工、经表面处理的，以及去皮、切块或切丝的新鲜食用菌和藻类	—

序号	食品分类号	食品类别／名称	说明	允许使用的食品添加剂种类和最大剂量
94	04.03.01.01	未经加工鲜食用菌和藻类	收获后未经加工的新鲜食用菌和藻类	不得使用任何品种添加剂
95	04.03.01.02	经表面处理的鲜食用菌和藻类	在表面作防脱水涂膜或防腐保鲜处理的新鲜食用菌和藻类	硫磺（0.4g/kg）（只限用于熏蒸）
96	04.03.01.03	去皮、切块或切丝的食用菌和藻类	去皮、切块或切丝后的新鲜食用菌和藻类	不得使用任何品种添加剂
97	04.03.02	加工食用菌和藻类	包括除去皮、预切和表面处理以外的所有其他加工方式的食用菌和藻类	安赛蜜（0.3g/kg）（04.03.02.01 冷冻食用菌和藻类除外），乳酸链球菌素（0.5g/kg）（04.03.02.04 食用菌和藻类罐头除外），三氯蔗糖（0.3g/kg）（04.03.02.01 冷冻食用菌和藻类除外），山梨酸及其钾盐（0.5g/kg）（04.03.02.01 冷冻食用菌和藻类、04.03.02.04 食用菌和藻类罐头除外）
98	04.03.02.01	冷冻食用菌和藻类	经焯洗等预处理后冷冻保藏的食用菌和藻类	—
99	04.03.02.02	干制的食用菌和藻类	新鲜食用菌和藻类的脱水干燥制品	二氧化硫及亚硫酸盐（0.05g/kg）
100	04.03.02.03	腌渍的食用菌和藻类	以新鲜食用菌和藻类为主要原料，经醋、盐、油或酱油等腌渍工艺加工而成的食用菌和藻类制品	β-胡萝卜素（0.132g/kg），阿斯巴甜（0.3g/kg），辣椒红（按生产需要适量使用），辣椒油树脂（按生产需要适量使用），亮蓝及其铝色淀（0.025g/kg），柠檬黄及其铝色淀（0.1g/kg），纽甜（0.01g/kg），双乙酰酒石酸单双甘油酯（2.5g/kg），甜菊糖苷（0.23g/kg），甜菊糖苷（酶转化法）（0.23g/kg），脱氢乙酸及其钠盐（0.3g/kg），乙二胺四乙酸二钠（0.2g/kg）
101	04.03.02.04	食用菌和藻类罐头	以罐藏工艺保藏的食用菌和藻类，如清水蘑菇	β-胡萝卜素（0.2g/kg），阿斯巴甜（1.0g/kg），二氧化硫及亚硫酸盐（0.05g/kg）（仅限蘑菇罐头），柠檬酸亚锡二钠（0.3g/kg），纽甜（0.033g/kg）
102	04.03.02.05	经水煮或油炸的藻类	—	阿斯巴甜（1.0g/kg），纽甜（0.033g/kg），双乙酰酒石酸单双甘油酯（2.5g/kg）

序号	食品分类号	食品类别／名称	说明	允许使用的食品添加剂种类和最大剂量
103	04.03.02.06	其他加工食用菌和藻类	以上类别（04.03.02.01～04.03.02.05）未包括的加工食用菌和藻类	β-胡萝卜素（1.0g/kg），阿斯巴甜（1.0g/kg），纽甜（0.033g/kg），双乙酰酒石酸单双甘油酯（2.5g/kg）
104	04.04	豆类制品	包括非发酵豆制品和发酵豆制品	丙酸及其钠盐、钙盐（2.5g/kg），谷氨酰胺转氨酶（0.25g/kg），硫酸钙（按生产需要适量使用），硫酸铝钾（按生产需要适量使用）（铝的残留量≤100 mg/kg，干样品，以Al计），硫酸铝铵（按生产需要适量使用）（铝的残留量≤100 mg/kg，干样品，以Al计），氯化钙（按生产需要适量使用），氯化镁（按生产需要适量使用），麦芽糖醇（按生产需要适量使用），麦芽糖醇液（按生产需要适量使用），山梨糖醇（按生产需要适量使用），山梨糖醇液（按生产需要适量使用），司盘类（1.6g/kg）
105	04.04.01	非发酵豆制品	以大豆等为主要原料，不经发酵过程加工制成的豆制品。如豆腐及其再制品、腐竹等	—
106	04.04.01.01	豆腐类	由大豆经浸泡、磨细、滤净、煮浆后，加入少量凝结剂（石膏、葡萄糖酸内酯、盐卤等），使豆浆中蛋白质凝结，再除去过剩水分而成。包括北豆腐（老豆腐）、南豆腐（嫩豆腐）、冻豆腐、脱水豆腐等	可得然胶（按生产需要适量使用）
107	04.04.01.02	豆干类	豆腐经压制脱水而成的水分含量较少的豆制品	安赛蜜（0.2g/kg），辣椒红（按生产需要适量使用），辣椒油树脂（按生产需要适量使用），双乙酸钠（1.0g/kg），植物炭黑（按生产需要适量使用）
108	04.04.01.03	豆干再制品	以豆腐或豆干为基料，经油炸、熏制、卤制等工艺制得的豆制品	焦糖色（普通法）（按生产需要适量使用），辣椒红（按生产需要适量使用），辣椒油树脂（按生产需要适量使用），山梨酸及其钾盐（1.0g/kg），双乙酸钠（1.0g/kg）

序号	食品分类号	食品类别/名称	说明	允许使用的食品添加剂种类和最大剂量
109	04.04.01.03.01	炸制豆干	以豆腐或豆干为基料，经油炸制成的豆制品	—
110	04.04.01.03.02	卤制豆干	—	乳酸链球菌素（0.5g/kg）
111	04.04.01.03.03	熏制豆干	—	—
112	04.04.01.03.04	其他豆干	以上各类（04.04.01.03.01～04.04.01.03.03）未包括的豆干再制品	—
113	04.04.01.04	腐竹类（包括腐竹、油皮等）	豆浆煮沸后冷却时表面凝结成的一层薄膜，挑出后下垂成枝条状，再经干燥而成。腐竹主要由大豆蛋白和脂肪构成。呈竹枝状的称为腐竹，呈片状的称为油皮	二氧化硫及亚硫酸盐（0.2g/kg）
114	04.04.01.05	新型豆制品（大豆蛋白及其膨化食品、大豆素肉等）	经非传统工艺制成的豆制品，如大豆蛋白膨化食品、大豆素肉等	红曲米（按生产需要适量使用），红曲红（按生产需要适量使用），可得然胶（按生产需要适量使用），辣椒红（按生产需要适量使用），辣椒油树脂（按生产需要适量使用），三氯蔗糖（0.4g/kg），山梨酸及其钾盐（1.0g/kg），糖精钠（1.0g/kg），甜菊糖苷（0.09g/kg），甜菊糖苷（酶转化法）（0.09g/kg）
115	04.04.01.06	熟制豆类	以大豆等为原料，加工制成的豆类熟制品。包括烘炒类、油炸类和其他类	亮蓝及其铝色淀（0.025g/kg），柠檬黄及其铝色淀（0.1g/kg），日落黄及其铝色淀（0.1g/kg），双乙酰酒石酸单双甘油酯（2.5g/kg），糖精钠（1.0g/kg），甜蜜素（1.0g/kg），叶绿素铜钠盐（0.5g/kg），叶绿素铜钾盐（0.5g/kg），诱惑红及其铝色淀（0.1g/kg）
116	04.04.02	发酵豆制品	以大豆等为主要原料，经过微生物发酵而成的豆制食品。如腐乳、豆豉、纳豆、霉豆腐等	硫酸亚铁（0.15g/kg）（仅限臭豆腐），脱氢乙酸及其钠盐（0.3g/kg）
117	04.04.02.01	腐乳类	以大豆为原料，经加工磨浆、制坯、培菌、经微生物发酵而成的一种调味、佐餐食品	红曲米（按生产需要适量使用），红曲红（按生产需要适量使用），三氯蔗糖（1.0g/kg），甜蜜素（0.65g/kg）

序号	食品分类号	食品类别／名称	说明	允许使用的食品添加剂种类和最大剂量
118	04.04.02.02	豆豉及其制品（包括纳豆）	以大豆等为主要原料，经蒸煮、制曲、发酵、酿制而成的呈干态或半干态颗粒状的制品	—
119	04.04.03	其他豆制品	以上各类未包括的豆制品	二氧化硅（15.0g/kg）（仅限豆腐花粉、大豆蛋白粉和调配大豆蛋白粉）
120	04.05	坚果和籽类	包括新鲜坚果与籽类和加工坚果与籽类，如山核桃、松子、榛子、白果（银杏种子）、杏仁、巴旦木（扁桃核）、腰果、开心果（阿月浑子种子）、花生和各类瓜子等	—
121	04.05.01	新鲜坚果与籽类	收获后未经加工的具有坚硬硬壳的坚果以及新鲜籽类	—
122	04.05.02	加工坚果与籽类	经加工制成的具有坚硬硬壳或经脱壳的坚果以及籽类	β-胡萝卜素（1.0g/kg），阿斯巴甜（0.5g/kg），亮蓝及其铝色淀（0.025g/kg），麦芽糖醇（按生产需要适量使用），麦芽糖醇液（按生产需要适量使用），迷迭香提取物（0.3g/kg），柠檬黄及其铝色淀（0.1g/kg），纽甜（0.032g/kg），日落黄及其铝色淀（0.1g/kg），三氯蔗糖（1.0g/kg），索马甜（0.025g/kg），叶绿素铜钠盐（0.5g/kg），叶绿素铜钾盐（0.5g/kg），诱惑红及其铝色淀（0.1g/kg），植物炭黑（按生产需要适量使用）
123	04.05.02.01	熟制坚果与籽类（仅限油炸坚果与籽类）	采用烘干、焙烤工艺、翻炒或油炸制成的坚果和籽类，包括油炸、烘炒豆类	安赛蜜（3.0g/kg）（可用于非油炸），丙二醇脂肪酸酯（2.0g/kg），茶多酚（0.2g/kg），茶黄素（0.2g/kg），赤藓红及其铝色淀（0.025g/kg），靛蓝及其铝色淀（0.05g/kg），丁基羟基茴香醚（0.2g/kg），二丁基羟基甲苯（0.2g/kg），二氧化钛（10.0g/kg），甘草抗氧化物（0.2g/kg），红花黄（0.5g/kg），红曲米（按生产需要适量使用），红曲红（按生产需要适量使用），姜黄（按生产需要适量使用），姜黄素（按生产需要适量使用），聚甘油脂肪酸酯（10.0g/kg），辣椒红（按生产需要适量使用），亮蓝及其铝色淀（0.05g/kg），磷酸及磷酸盐（2.0g/kg），硫代二丙酸二月桂酯（0.2g/kg），没食子酸丙酯（0.1g/kg），

序号	食品分类号	食品类别/名称	说明	允许使用的食品添加剂种类和最大剂量
123	04.05.02.01	熟制坚果与籽类（仅限油炸坚果与籽类）	采用烘干、焙烤工艺、翻炒或油炸制成的坚果和籽类，包括油炸、烘炒豆类	山梨糖醇（按生产需要适量使用），山梨糖醇液（按生产需要适量使用），特丁基对苯二酚（0.2g/kg），甜菊糖苷（1.0g/kg），甜菊糖苷（酶转化法）（1.0g/kg），维生素E（0.2g/kg），胭脂虫红及其铝色淀（0.1g/kg），栀子黄（1.5g/kg），栀子蓝（0.5g/kg），竹叶抗氧化物（0.5g/kg）
124	04.05.02.01.01	带壳熟制坚果与籽类	具有坚硬外壳的经烘焙/炒制的坚果与籽类	三氯蔗糖（4.0g/kg），糖精钠（1.2g/kg），甜蜜素（6.0g/kg）
125	04.05.02.01.02	脱壳熟制坚果与籽类	脱去坚硬外壳后，再烘焙/炒制的坚果与籽类	三氯蔗糖（2.0g/kg），糖精钠（1.0g/kg），甜蜜素（1.2g/kg）
126	04.05.02.02	—	—	—
127	04.05.02.03	坚果与籽类罐头	以坚果和籽类为原料，经烘焙/炒制加工处理、杀菌、装罐等工序制成的罐头产品	茶黄素（0.2g/kg），丁基羟基茴香醚（0.2g/kg），二丁基羟基甲苯（0.2g/kg），二氧化硫及亚硫酸盐（0.05g/kg），没食子酸丙酯（0.1g/kg），特丁基对苯二酚（0.2g/kg），乙二胺四乙酸二钠（0.25g/kg），栀子黄（0.3g/kg）
128	04.05.02.04	坚果与籽类的泥（酱），包括花生酱等	以坚果、籽类为主要原料，经筛选、焙炒、去壳脱皮、分选、研磨等工序，加入或不加入辅料而制成的泥（酱）状制品	甲壳素（2.0g/kg），纽甜（0.033g/kg）
129	04.05.02.05	其他加工的坚果与籽类（如腌渍的果仁）	—	
130	05.0	可可制品、巧克力和巧克力制品（包括代可可脂巧克力及制品）以及糖果	包括可可制品、巧克力和巧克力制品、代可可脂巧克力及其制品，各类糖果，糖果、巧克力制品包衣，装饰糖果、顶饰和甜汁	爱德万甜（0.0005g/kg），巴西棕榈蜡（0.6g/kg），赤藓红及其铝色淀（0.05g/kg）（05.01.01可可制品除外），靛蓝及其铝色淀（0.1g/kg）（05.01.01可可制品除外），纽甜（0.1g/kg）（05.02糖果除外），二氧化硫及亚硫酸盐（0.1g/kg），姜黄（按生产需要适量使用），姜黄素（0.01g/kg），焦糖色（加氨生产）（按生产需要适量使用），焦糖色（普通法）（按生产需要适量使用），焦糖色（亚硫酸铵法）（按生产需要适量使用），菊花黄浸膏（0.3g/kg），聚葡萄糖（按生产

序号	食品分类号	食品类别／名称	说明	允许使用的食品添加剂种类和最大剂量
130	05.0	可可制品、巧克力和巧克力制品、代可可脂巧克力及其制品）以及糖果	包括可可制品、巧克力和巧克力制品、代可可脂巧克力及其制品，各类糖果，糖果、巧克力制品包衣，装饰糖果、顶饰和甜汁	需要适量使用），可可壳色（3.0g/kg），亮蓝及其铝色淀（0.3g/kg），磷酸及磷酸盐（5.0g/kg），罗望子多糖胶（2.0g/kg），柠檬黄及其铝色淀（0.1g/kg）（05.01.01 可可制品除外），日落黄及其铝色淀（0.1g/kg）（05.01.01 可可制品、05.04 装饰糖果、顶饰和甜汁除外），酸性红（0.05g/kg），苋菜红及其铝色淀（0.05g/kg），辛、癸酸甘油酯（按生产需要适量使用），新红及其铝色淀（0.05g/kg）（05.01.01 可可制品除外），胭脂红及其铝色淀（0.05g/kg）（05.04 装饰糖果、顶饰和甜汁除外），硬脂酸（1.2g/kg），硬脂酸镁（按生产需要适量使用），诱惑红及其铝色淀（0.3g/kg），蔗糖脂肪酸酯（10.0g/kg），栀子黄（0.3g/kg），紫胶红（0.5g/kg）
131	05.01	可可制品、巧克力和巧克力制品，包括代可可脂巧克力及制品	—	β-胡萝卜素（0.1g/kg），阿斯巴甜（3.0g/kg），二氧化钛（2.0g/kg），海藻酸丙二醇酯（5.0g/kg），聚甘油蓖麻醇酸酯（5.0g/kg），聚甘油脂肪酸酯（10.0g/kg），辣椒红（按生产需要适量使用），麦芽糖醇（按生产需要适量使用），麦芽糖醇液（按生产需要适量使用），司盘类（10.0g/kg），甜菊糖苷（0.83g/kg），甜菊糖苷（酶转化法）（0.83g/kg），紫胶（0.2g/kg）
132	05.01.01	可可制品（包括以可可为主要原料的脂、粉、浆、酱、馅等）	以可可豆为原料，经研磨、压榨等工艺生产的可可制品，如可可粉、可可脂、可可液块等	二氧化硅（15.0g/kg），硅酸钙（按生产需要适量使用）
133	05.01.02	巧克力和巧克力制品、除05.01.0以外的可可制品	巧克力是以天然可可制品为主要原料（非可可脂添加量≤5%），经精磨、精炼、调温等工艺制成的食品。以巧克力和其他食品按一定比例加工制成的食品为巧克力制品	铵磷脂（10.0g/kg），日落黄及其铝色淀（0.3g/kg），山梨糖醇（按生产需要适量使用），山梨糖醇液（按生产需要适量使用），胭脂树橙（0.025g/kg），异麦芽酮糖（按生产需要适量使用）
134	05.01.03	代可可脂巧克力及其制品	代可可脂巧克力是以代可可脂替代天然可可脂生产的具有巧克力风味及性状的食品。该类别还包括了使用类可可脂生产的产品	胭脂虫红及其铝色淀（0.3g/kg），胭脂树橙（0.6g/kg），异麦芽酮糖（按生产需要适量使用）

序号	食品分类号	食品类别／名称	说明	允许使用的食品添加剂种类和最大剂量
135	05.02	糖果	糖果是以糖类为主要成分的食品，包括硬质糖果、酥质糖果、焦香糖果、奶糖糖果、压片糖果、凝胶糖果、充气糖果、胶基糖果和其他糖果	D-甘露糖醇（按生产需要适量使用），L（+）-酒石酸（30g/kg），dl-酒石酸（30g/kg），β-阿朴-8′-胡萝卜素醛（0.015g/kg），β-胡萝卜素（0.5g/kg），安赛蜜（2.0g/kg），番茄红素（0.06g/kg），蜂蜡（按生产需要适量使用），甘草酸盐（按生产需要适量使用），黑豆红（0.8g/kg），红花黄（0.2g/kg），红米红（按生产需要适量使用），红曲米（按生产需要适量使用），红曲红（按生产需要适量使用），花生衣红（0.4g/kg），姜黄素（0.7g/kg），聚甘油脂肪酸酯（5.0g/kg），辣椒橙（按生产需要适量使用），辣椒红（按生产需要适量使用），蓝锭果红（2.0g/kg），萝卜红（按生产需要适量使用），麦芽糖醇（按生产需要适量使用），麦芽糖醇液（按生产需要适量使用），玫瑰茄红（按生产需要适量使用），木糖醇酐单硬脂酸酯（5.0g/kg），葡萄皮红（2.0g/kg），普鲁兰多糖（50.0g/kg），乳酸钙（按生产需要适量使用），三氯蔗糖（1.5g/kg），桑椹红（2.0g/kg），山梨糖醇（按生产需要适量使用），山梨糖醇液（按生产需要适量使用），天门冬酰苯丙氨酸甲酯乙酰磺胺酸（4.5g/kg），天然苋菜红（0.25g/kg），甜菊糖苷（3.5g/kg），甜菊糖苷（酶转化法）（3.5g/kg），胭脂虫红及其铝色淀（0.3g/kg），胭脂树橙（0.6g/kg），杨梅红（0.2g/kg），叶黄素（0.15g/kg），叶绿素铜（按生产需要适量使用），叶绿素铜钠盐（0.5g/kg），叶绿素铜钾盐（0.5g/kg），异麦芽酮糖（按生产需要适量使用），玉米黄（5.0g/kg），藻蓝（0.8g/kg），栀子蓝（0.3g/kg），植物炭黑（5.0g/kg），紫甘薯色素（0.1g/kg）
136	05.02.01	胶基糖果	以胶基、白糖为主要原料制成的咀嚼型或吹泡型的糖果	β-环状糊精（20.0g/kg），阿力甜（0.3g/kg），阿斯巴甜（10.0g/kg），安赛蜜（4.0g/kg），苯甲酸及其钠盐（1.5g/kg），茶黄素（0.4g/kg），丁基羟基茴香醚（0.4g/kg），二丁基羟基甲苯（0.4g/kg），二氧化钛（5.0g/kg），富马酸（8.0g/kg），富马酸一钠（按生产需要适量使用），海藻酸丙二醇酯（5.0g/kg），己二酸（4.0g/kg），可得然胶（按生产需要适量使用），没食子酸丙酯（0.4g/kg），纽甜（1.0g/kg），山梨酸及其钾盐（1.5g/kg），双乙酰酒石酸单双甘油酯（50.0g/kg），天门冬酰苯丙氨酸甲酯乙酰磺胺酸（5.0g/kg），紫胶（3.0g/kg）

序号	食品分类号	食品类别/名称	说明	允许使用的食品添加剂种类和最大剂量
137	05.02.02	除胶基糖果以外的其他糖果	以白糖和（或）糖浆等为主要原料，选择性添加其他辅料、食品添加剂等，经不同工艺制成不同风味、不同形态、不同硬度的糖果	β-环状糊精（15.0g/kg）（仅限压片糖果），阿斯巴甜（3.0g/kg），白油（5.0g/kg），苯甲酸及其钠盐（0.8g/kg），靛蓝及其铝色淀（0.3g/kg），二氧化钛（10.0g/kg），二氧化碳（按生产需要适量使用），番茄红（0.25g/kg），柠檬黄及其铝色淀（0.3g/kg），纽甜（0.33g/kg），日落黄及其铝色淀（0.3g/kg），山梨酸及其钾盐（1.0g/kg），双乙酰酒石酸单双甘油酯（10.0g/kg），司盘类（3.0g/kg），紫胶（3.0g/kg）
138	05.03	糖果和巧克力制品包衣	包裹在糖果、巧克力制品表面，有一定的硬度和强度的致密糖壳	β-胡萝卜素（20.0g/kg），二氧化钛（按生产需要适量使用），蜂蜡（按生产需要适量使用），聚甘油蓖麻醇酸酯（5.0g/kg），聚乙二醇（按生产需要适量使用），聚乙烯醇（18.0g/kg），喹啉黄及其铝色淀（0.3g/kg），木松香甘油酯（0.32g/kg），普鲁兰多糖（50.0g/kg），日落黄及其铝色淀（0.3g/kg），胭脂红及其铝色淀（0.1g/kg），氧化铁黑（0.02g/kg），氧化铁红（0.02g/kg），异麦芽酮糖（按生产需要适量使用）
139	05.04	装饰糖果（如工艺造型，或用于蛋糕装饰）、顶饰（非水果材料）和甜汁	包括用于饼干、面包、糕点中起装饰作用的可食的糖衣、糖霜等。也包括糖果、焙烤食品等食品中所用的以糖或巧克力为主要成分的涂层，如杏仁奶油糖的巧克力涂层等	β-胡萝卜素（20.0g/kg），阿斯巴甜（1.0g/kg），二氧化钛（5.0g/kg），海藻酸丙二醇酯（5.0g/kg），红曲米（按生产需要适量使用），红曲红（按生产需要适量使用），姜黄素（0.5g/kg），聚甘油蓖麻醇酸酯（5.0g/kg）（仅限巧克力涂层），氯化钙（0.4g/kg），双乙酰酒石酸单双甘油酯（10.0g/kg），硬脂酰乳酸钠（2.0g/kg），硬脂酰乳酸钙（2.0g/kg），植酸（0.2g/kg）
140	06.0	粮食和粮食制品，包括大米、面粉、杂粮、块根植物、豆类和玉米提取的淀粉等（不包括07.0类焙烤制品）	包括原粮、大米及其制品（大米、米粉），小麦粉及其制品，杂粮粉及其制品，淀粉及淀粉类制品，即食谷物［包括碾轧燕麦（片）］，方便米面制品，冷冻米面制品，谷类和淀粉类甜品（如米布丁、木薯布丁），粮食制品馅料	—

序号	食品分类号	食品类别/名称	说明	允许使用的食品添加剂种类和最大剂量
141	06.01	原粮	收获后未经任何加工的粮食（包括各种杂粮原粮）	丙酸及其钠盐、钙盐（1.8g/kg），二氧化硅（1.2g/kg），双乙酸钠（1.0g/kg）
142	06.02	大米及其制品	大米及以大米为原料制成的各种制品。包括大米、大米制品、米粉和米粉制品等	ε-聚赖氨酸盐酸盐（0.25g/kg）
143	06.02.01	大米	稻谷经脱壳加工后的成品粮	—
144	06.02.02	大米制品	除米粉和米粉制品外，以大米为原料经加工制成的各类产品	可溶性大豆多糖（10.0g/kg），碳酸钠（按生产需要适量使用）（仅限发酵大米制品），碳酸氢钠（按生产需要适量使用）（仅限发酵大米制品）
145	06.02.03	米粉（包括汤圆粉等）	大米经碾磨而成的粉末状产品	磷酸及磷酸盐（1.0g/kg）
146	06.02.04	米粉制品	米粉经加工制成的食品，如青团	—
147	06.03	小麦粉及其制品	—	ε-聚赖氨酸盐酸盐（0.30g/kg）（06.03.01 小麦粉、06.03.02.01 生湿面制品、06.03.02.02 生干面制品除外），酒石酸氢钾（按生产需要适量使用）（06.03.01 小麦粉、06.03.02.01 生湿面制品、06.03.02.02 生干面制品除外），磷酸及磷酸盐（5.0g/kg）（06.03.02.02 生干面制品除外）
148	06.03.01	小麦粉	—	抗坏血酸（0.2g/kg），碳酸钙（0.03g/kg），碳酸镁（1.5g/kg）
149	06.03.01.01	通用小麦粉	以小麦为原料，供制作各种面食用的小麦粉	—
150	06.03.01.02	专用小麦粉（如自发粉、饺子粉等）	以小麦为原料，供制作馒头、水饺等用的小麦粉	沙蒿胶（0.3g/kg），硬脂酰乳酸钠（2.0g/kg），硬脂酰乳酸钙（2.0g/kg），皂荚糖胶（4.0g/kg），蔗糖脂肪酸酯（5.0g/kg）
151	06.03.02	小麦粉制品［06.03.02.01 生湿面制品（如面条、饺子皮、馄饨皮、烧麦皮）、06.03.02.02 生干面制品除外］	以小麦粉为原料，加工制成的各类食品	海藻酸钙（5.0g/kg），决明胶（3.0g/kg），可溶性大豆多糖（10.0g/kg），硫酸钙（1.5g/kg）

序号	食品分类号	食品类别／名称	说明	允许使用的食品添加剂种类和最大剂量
152	06.03.02.01	生湿面制品（面条、饺子皮、馄饨皮、烧麦皮）	小麦粉经和水、揉捏后未进行加热、冷冻、脱水等处理的面制品，如未煮的面条、饺子皮、馄饨皮和烧麦皮等	L-半胱氨酸盐酸盐（0.3g/kg）（仅限拉面），丙二醇（1.5g/kg），丙酸及其钠盐、钙盐（0.25g/kg），单辛酸甘油酯（1.0g/kg），二氧化硫及亚硫酸盐（0.05g/kg）（仅限拉面），富马酸（0.6g/kg），富马酸一钠（按生产需要适量使用），海藻酸丙二醇酯（5.0g/kg），黄原胶（10.0g/kg），可得然胶（按生产需要适量使用），可溶性大豆多糖（5.0g/kg），磷酸化二淀粉磷酸酯（0.2g/kg），乳酸钠（2.4g/kg），山梨糖醇（30.0g/kg），山梨糖醇液（30.0g/kg），双乙酰酒石酸单双甘油酯（10.0g/kg），碳酸钾（60.0g/kg），硬脂酰乳酸钠（2.0g/kg），硬脂酰乳酸钙（2.0g/kg），蔗糖脂肪酸酯（4.0g/kg），栀子黄（1.0g/kg）
153	06.03.02.02	生干面制品	未经加热、蒸、烹调等处理的面制品经过脱水制成的产品。如挂面	单、双甘油脂肪酸酯（30.0g/kg），海藻酸丙二醇酯（5.0g/kg），黄原胶（4.0g/kg），卡拉胶（8.0g/kg），可得然胶（按生产需要适量使用），沙蒿胶（0.3g/kg）（仅限挂面），双乙酰酒石酸单双甘油酯（10.0g/kg），田菁胶（2.0g/kg），亚麻籽胶（1.5g/kg），蔗糖脂肪酸酯（4.0g/kg），栀子黄（0.3g/kg）
154	06.03.02.03	发酵面制品	经发酵工艺制成的面制品。如包子、馒头、花卷等	L-半胱氨酸盐酸盐（0.06g/kg），海藻酸丙二醇酯（5.0g/kg），硬脂酰乳酸钠（2.0g/kg），硬脂酰乳酸钙（2.0g/kg）
155	06.03.02.04	—	—	—
156	06.03.02.05	油炸面制品	经油炸工艺制成的面制品，如油条、油饼等	L（+）-酒石酸（10.0g/kg），dl-酒石酸（10.0g/kg），β-胡萝卜素（1.0g/kg），丙二醇脂肪酸酯（2.0g/kg），茶多酚（0.2g/kg），茶黄素（0.2g/kg），丁基羟基茴香醚（0.2g/kg），二丁基羟基甲苯（0.2g/kg），甘草抗氧化物（0.2g/kg），硫代二丙酸二月桂酯（0.2g/kg），硫酸铝钾（按生产需要适量使用）（铝的残留量≤100mg/kg，干样品，以Al计），硫酸铝铵（按生产需要适量使用）（铝的残留量≤100mg/kg，干样品，以Al计），没食子酸丙酯（0.1g/kg），迷迭香提取物（0.3g/kg），双乙酰酒石酸单双甘油酯（10.0g/kg），特丁基对苯二酚（0.2g/kg），维生素E（0.2g/kg），竹叶抗氧化物（0.5g/kg）

序号	食品分类号	食品类别/名称	说明	允许使用的食品添加剂种类和最大剂量
157	06.03.02.06	其他小麦粉制品（如面筋等）	以上各类未包括的小麦粉制品	—
158	06.04	杂粮粉及其制品	包括粉状或非粉状的杂粮及其制品	—
159	06.04.01	杂粮粉	杂粮经过碾磨加工制成的粉状产品	丁基羟基茴香醚（0.2g/kg），磷酸及磷酸盐（5.0g/kg），双乙酰酒石酸单双甘油酯（3.0g/kg）
160	06.04.02	杂粮制品（06.04.02.01杂粮罐头除外）	以杂粮或杂粮粉为原料加工制成的食品	ε-聚赖氨酸盐酸盐（0.40g/kg），沙蒿胶（0.3g/kg）
161	06.04.02.01	杂粮罐头	以杂粮为原料，添加或不添加谷类、豆类、干果，糖和（或）甜味剂等，经罐藏工艺制成的罐头食品，如八宝粥罐头、红豆粥罐头等	β-胡萝卜素（1.0g/kg），安赛蜜（0.3g/kg），红花黄（0.2g/kg），磷酸及磷酸盐（1.5g/kg），三氯蔗糖（0.25g/kg），天门冬酰苯丙氨酸甲酯乙酰磺胺酸（0.35g/kg），甜菊糖苷（0.17g/kg），甜菊糖苷（酶转化法）（0.17g/kg），叶黄素（0.05g/kg），乙二胺四乙酸二钠（0.25g/kg），蔗糖脂肪酸酯（1.5g/kg）
162	06.04.02.02	其他杂粮制品	除06.04.02.01类以外的杂粮制品	安赛蜜（0.3g/kg）（仅限黑芝麻糊），二丁基羟基甲苯（0.2g/kg）（仅限脱水马铃薯制品），二氧化硫及亚硫酸盐（0.4g/kg）（仅限脱水马铃薯制品），二氧化钛（0.5g/kg）（仅限脱水马铃薯制品），核黄素（0.3g/kg）（仅限脱水马铃薯制品），磷酸及磷酸盐（1.5g/kg）（仅限冷冻薯类制品），乳酸链球菌素（0.25g/kg）（仅限杂粮灌肠制品），三氯蔗糖（5.0g/kg）（仅限微波爆米花），山梨酸及其钾盐（1.5g/kg）（仅限杂粮灌肠制品），异麦芽酮糖（按生产需要适量使用），硬脂酰乳酸钠（2.0g/kg）（仅限脱水马铃薯制品），硬脂酰乳酸钙（2.0g/kg）（仅限脱水马铃薯制品）
163	06.05	淀粉及淀粉类制品	包括食用淀粉、淀粉制品	硅酸钙（按生产需要适量使用）
164	06.05.01	食用淀粉	以谷类、薯类、豆类等植物为原料生产的淀粉	二氧化硫及亚硫酸盐（0.03g/kg），高锰酸钾（0.5g/kg），磷酸及磷酸盐（5.0g/kg），双乙酰酒石酸单双甘油酯（3.0g/kg）
165	06.05.02	淀粉制品	以淀粉为原料加工制成的产品	可溶性大豆多糖（10.0g/kg），硫酸钙（10.0g/kg）

序号	食品分类号	食品类别/名称	说明	允许使用的食品添加剂种类和最大剂量
166	06.05.02.01	粉丝、粉条	淀粉浆经糊化成型、干燥而成的丝条状固态产品	海藻酸丙二醇酯（1.5g/kg），L（+）-酒石酸（2.0g/kg），dl-酒石酸（2.0g/kg），硫酸铝钾（按生产需要适量使用）（铝的残留量≤200mg/kg，干样品，以Al计），硫酸铝铵（按生产需要适量使用）（铝的残留量≤200 mg/kg，干样品，以Al计）
167	06.05.02.02	虾味片	以淀粉为原料，添加膨松剂及调味物质等辅料制成的具有虾味的干制品	亮蓝及其铝色淀（0.025g/kg），硫酸铝钾（按生产需要适量使用）（铝的残留量≤100 mg/kg，干样品，以Al计），硫酸铝铵（按生产需要适量使用）（铝的残留量≤100 mg/kg，干样品，以Al计），柠檬黄及其铝色淀（0.1g/kg），日落黄及其铝色淀（0.1g/kg），胭脂红及其铝色淀（0.05g/kg）
168	06.05.02.03	藕粉	以藕为原料加工制成的淀粉制品	—
169	06.05.02.04	粉圆	以淀粉为原料，经造粒工艺加工而成的圆球状非即食产品	海藻酸丙二醇酯（1.5g/kg），姜黄（1.2g/kg），焦糖色（加氨生产）（按生产需要适量使用），可得然胶（按生产需要适量使用），柠檬黄及其铝色淀（0.2g/kg），日落黄及其铝色淀（0.2g/kg），双乙酸钠（4.0g/kg），胭脂虫红及其铝色淀（1.0g/kg），胭脂树橙（0.15g/kg），叶绿素铜钠盐（0.5g/kg），叶绿素铜钾盐（0.5g/kg），诱惑红及其铝色淀（0.2g/kg），植物炭黑（1.5g/kg）
170	06.05.02.05	其他淀粉制品（如凉粉等）	以上各类（06.05.02.01～06.05.02.04）未包括的淀粉制品	—
171	06.06	即食谷物，包括碾轧燕麦（片）	包括所有即食的早餐谷物食品，如速溶的燕麦片（粥），谷粉，玉米片，多种谷物（如大米、小麦、玉米）的早餐类食品，由大豆或糠制成的即食早餐类食品及由谷粉制成的压缩类即食谷物制品	β-胡萝卜素（0.4g/kg），阿斯巴甜（1.0g/kg），安赛蜜（0.8g/kg），茶多酚（0.2g/kg），茶黄素（0.2g/kg），丁基羟基茴香醚（0.2g/kg），二丁基羟基甲苯（0.2g/kg），番茄红素（0.05g/kg），姜黄（0.03g/kg），焦糖色（加氨生产）（按生产需要适量使用），焦糖色（普通法）（按生产需要适量使用），焦糖色（亚硫酸铵法）（2.5g/kg），聚甘油脂肪酸酯（10.0g/kg），抗坏血酸棕榈酸酯（0.2g/kg），亮蓝及其铝色淀（0.015g/kg）（仅限可可玉米片），磷酸及磷酸盐（5.0g/kg），柠檬黄及其铝色淀（0.08g/kg），纽甜（0.16g/kg），三氯蔗糖（1.0g/kg），甜菊糖苷（0.17g/kg），甜菊糖苷（酶转化法）（0.17g/kg），维生素E（0.085g/kg），胭脂虫红及其铝色淀（0.2g/kg），胭脂树橙（0.07g/kg），诱惑红及其铝色淀（0.07g/kg），竹叶抗氧化物（0.5g/kg）

序号	食品分类号	食品类别／名称	说明	允许使用的食品添加剂种类和最大剂量
172	06.07	方便米面制品	以米、面等为主要原料，通过加工成型和预糊化制成的即食或非即食食品。例如方便面、方便米饭等	β-胡萝卜素（1.0g/kg），β-环状糊精（1.0g/kg），茶多酚（0.2g/kg），茶黄素（0.2g/kg），丁基羟基茴香醚（0.2g/kg），二丁基羟基甲苯（0.2g/kg），甘草抗氧化物（0.2g/kg），海藻酸丙二醇酯（5.0g/kg），核黄素（0.05g/kg），红花黄（0.5g/kg），红曲黄色素（按生产需要适量使用），红曲米（按生产需要适量使用），红曲红（按生产需要适量使用），姜黄（按生产需要适量使用），姜黄素（0.5g/kg），聚甘油脂肪酸酯（10.0g/kg），决明胶（2.5g/kg），抗坏血酸棕榈酸酯（0.2g/kg），抗坏血酸棕榈酸酯（酶法）（0.2g/kg），可得然胶（按生产需要适量使用），可溶性大豆多糖（10.0g/kg），辣椒红（按生产需要适量使用），磷酸化二淀粉磷酸酯（0.2g/kg），磷酸及磷酸盐（5.0g/kg），氯化镁（按生产需要适量使用），没食子酸丙酯（0.1g/kg），纽甜（0.06g/kg），乳酸链球菌素（0.25g/kg）（仅限方便湿面制品和米面灌肠制品），三氯蔗糖（0.6g/kg），沙蒿胶（0.3g/kg）（仅限方便面），山梨酸及其钾盐（1.5g/kg）（仅限米面灌肠制品），双乙酰酒石酸单双甘油酯（10.0g/kg），羧甲基淀粉钠（15.0g/kg），特丁基对苯二酚（0.2g/kg），甜菊糖苷（0.4g/kg），甜菊糖苷（酶转化法）（0.4g/kg），田菁胶（2.0g/kg），甜蜜素（1.6g/kg）（仅限调味面制品），维生素 E（0.2g/kg），胭脂虫红及其铝色淀（0.3g/kg），胭脂树橙（0.012g/kg），叶黄素（0.15g/kg），蔗糖脂肪酸酯（4.0g/kg），栀子黄（1.5g/kg），栀子蓝（0.5g/kg）
173	06.08	冷冻米面制品	以小麦粉、大米、杂粮等粮食为主要原料，经加工成型（或熟制）并经速冻而成的食品。例如速冻乌米饭、速冻油条等	L-半胱氨酸盐酸盐（0.6g/kg），β-胡萝卜素（1.0g/kg），海藻酸丙二醇酯（5.0g/kg），可溶性大豆多糖（10.0g/kg），辣椒红（2.0g/kg），磷酸及磷酸盐（5.0g/kg），氯化镁（按生产需要适量使用），双乙酰酒石酸单双甘油酯（10.0g/kg），叶黄素（0.1g/kg）
174	06.09	谷类和淀粉类甜品（如米布丁、木薯布丁）	—	β-胡萝卜素（1.0g/kg），阿斯巴甜（1.0g/kg），安赛蜜（0.3g/kg）（仅限谷类甜品罐头），磷酸及磷酸盐（1.0g/kg）（仅限谷类甜品罐头），柠檬黄及其铝色淀（0.06g/kg），纽甜（0.033g/kg），日落黄及其铝色淀（0.02g/kg），双乙酰酒石酸单双甘油酯（5.0g/kg），叶黄素（0.05g/kg）（仅限谷类甜品罐头）

序号	食品分类号	食品类别/名称	说明	允许使用的食品添加剂种类和最大剂量
175	06.10	粮食制品馅料	由粮食制成的馅料	β-胡萝卜素（1.0g/kg），红花黄（0.5g/kg），红曲米（按生产需要适量使用），红曲红（按生产需要适量使用），姜黄素（按生产需要适量使用），辣椒红（按生产需要适量使用），麦芽糖醇（按生产需要适量使用），麦芽糖醇液（按生产需要适量使用），异麦芽酮糖（按生产需要适量使用），栀子黄（1.5g/kg），栀子蓝（0.5g/kg）
176	06.11	面糊（如用于鱼和禽肉的拖面糊）、裹粉、煎炸粉	碎屑状或粉末状的小麦粉制品。该类产品可同其他配料（如调味品、水、奶或蛋等）混合，作为水产品、禽肉、畜肉和蔬菜等的表面覆盖物，包括面包糠	L（+）-酒石酸（10.0g/kg），dl-酒石酸（10.0g/kg），β-胡萝卜素（1.0g/kg），二氧化硅（20.0g/kg），姜黄（0.25g/kg），姜黄素（0.3g/kg），焦糖色（加氨生产）（12.0g/kg），焦糖色（普通法）（按生产需要适量使用），焦糖色（亚硫酸铵法）（2.5g/kg），聚甘油脂肪酸酯（10.0g/kg），辣椒红（按生产需要适量使用），磷酸及磷酸盐（5.0g/kg），硫酸铝钾（按生产需要适量使用）（铝的残留量≤100 mg/kg，干样品，以Al计），硫酸铝铵（按生产需要适量使用）（铝的残留量≤100 mg/kg，干样品，以Al计），柠檬黄及其铝色淀（0.3g/kg），日落黄及其铝色淀（0.3g/kg），双乙酰酒石酸单双甘油酯（5.0g/kg），维生素E（0.2g/kg），纤维素（按生产需要适量使用），胭脂虫红及其铝色淀（0.5g/kg），胭脂树橙（0.01g/kg），蔗糖脂肪酸酯（5.0g/kg）
177	06.12	其他粮食制品	以上各类未包括的粮食制品	—
178	07.0	焙烤食品	以粮、油、糖、蛋、乳等为主要原料，添加适量辅料，并经调制、发酵、成型、焙烤等工序制成的即食食品	β-阿朴-8′-胡萝卜素醛（0.015g/kg），β-胡萝卜素（1.0g/kg），ε-聚赖氨酸（0.15g/kg），安赛蜜（0.3g/kg），茶黄素（0.4g/kg），刺云实胶（1.5g/kg），番茄红素（0.05g/kg），富马酸一钠（按生产需要适量使用），琥珀酸单甘油酯（5.0g/kg），姜黄（按生产需要适量使用），酒石酸氢钾（按生产需要适量使用），聚甘油脂肪酸酯（10.0g/kg），聚葡萄糖（按生产需要适量使用），决明胶（2.5g/kg），可溶性大豆多糖（10.0g/kg），磷酸及磷酸盐（15.0g/kg），硫酸铝钾（按生产需要适量使用）（铝的残留量≤100 mg/kg，干样品，以Al计），硫酸铝铵（按生产需要适量使用）（铝的残留量≤100 mg/kg，干样品，以Al计），纽甜（0.08g/kg），葡萄皮红（2.0g/kg），三氯

序号	食品分类号	食品类别／名称	说明	允许使用的食品添加剂种类和最大剂量
178	07.0	焙烤食品	以粮、油、糖、蛋、乳等为主要原料，添加适量辅料，并经调制、发酵、成型、焙烤等工序制成的即食食品	蔗糖（0.25g/kg），双乙酰酒石酸单双甘油酯（20.0g/kg），索马甜（0.025g/kg），纤维素（按生产需要适量使用），胭脂虫红及其铝色淀（0.6g/kg），胭脂树橙（0.6g/kg），叶黄素（0.15g/kg），叶绿素铜（按生产需要适量使用），叶绿素铜钠盐（0.5g/kg），叶绿素铜钾盐（0.5g/kg），蔗糖脂肪酸酯（3.0g/kg），栀子蓝（1.0g/kg），竹叶抗氧化物（0.5g/kg）
179	07.01	面包	以小麦粉为主要原料，以酵母为主要膨松剂，适量加入辅料，经发酵、烘烤而制成的松软多孔的焙烤制品	阿斯巴甜（4.0g/kg），丙酸及其钠盐、钙盐（2.5g/kg），富马酸（3.0g/kg），海藻酸丙二醇酯（5.0g/kg），海藻酸钙（5.0g/kg），抗坏血酸棕榈酸酯（0.2g/kg），抗坏血酸棕榈酸酯（酶法）（0.2g/kg），可可壳色（0.5g/kg），硫酸钙（10.0g/kg），麦芽糖醇（按生产需要适量使用），麦芽糖醇液（按生产需要适量使用），木糖醇酐单硬脂酸酯（3.0g/kg），乳酸链球菌素（0.3g/kg），山梨酸及其钾盐（1.0g/kg），山梨糖醇（按生产需要适量使用），山梨糖醇液（按生产需要适量使用），司盘类（3.0g/kg），羧甲基淀粉钠（0.02g/kg），田菁胶（2.0g/kg），甜蜜素（1.6g/kg），吐温类（2.5g/kg），异麦芽酮糖（按生产需要适量使用），硬脂酰乳酸钠（2.0g/kg），硬脂酰乳酸钙（2.0g/kg）
180	07.02	糕点	以粮、油、糖、蛋等为主要原料，添加适量辅料，并经调制、成型、熟制等工序制成的食品	阿斯巴甜（1.7g/kg），安赛蜜（0.5g/kg），丙二醇（3.0g/kg），丙二醇脂肪酸酯（3.0g/kg），丙酸及其钠盐、钙盐（2.5g/kg），茶多酚（0.4g/kg），单辛酸甘油酯（1.0g/kg），富马酸（3.0g/kg），海藻酸丙二醇酯（5.0g/kg），红曲黄色素（按生产需要适量使用），红曲米（0.9g/kg），红曲红（0.9g/kg），金樱子棕（0.9g/kg），可可壳色（0.9g/kg），辣椒橙（0.9g/kg），辣椒红（0.9g/kg），蓝锭果红（2.0g/kg），硫酸钙（10.0g/kg），萝卜红（按生产需要适量使用），麦芽糖醇（按生产需要适量使用），麦芽糖醇液（按生产需要适量使用），木糖醇酐单硬脂酸酯（3.0g/kg），纳他霉素（0.3g/kg）（表面使用，混悬液喷雾或浸泡，残留量＜10mg/kg），乳酸链球菌素（0.3g/kg），山梨酸及其钾盐（1.0g/kg），山梨糖醇（按生产需要适量使用），山梨糖醇液（按生产需要适量使用），双乙酸钠（4.0g/kg），司盘类

序号	食品分类号	食品类别/名称	说明	允许使用的食品添加剂种类和最大剂量
180	07.02	糕点	以粮、油、糖、蛋等为主要原料，添加适量辅料，并经调制、成型、熟制等工序制成的食品	（3.0g/kg），碳酸氢三钠（按生产需要适量使用），特丁基对苯二酚（0.2g/kg），甜菊糖苷（0.33g/kg），甜菊糖苷（酶转化法）（0.33g/kg），甜蜜素（1.6g/kg），吐温类（2.0g/kg），异麦芽酮糖（按生产需要适量使用），硬脂酸钾（0.18g/kg），硬脂酰乳酸钠（2.0g/kg），硬脂酰乳酸钙（2.0g/kg），栀子黄（0.9g/kg），植物炭黑（5.0g/kg），紫草红（0.9g/kg）
181	07.02.01	中式糕点（月饼除外）	具有中国传统风味和特色的糕点。分为热加工糕点和冷加工糕点，热加工糕点包括烘烤类糕点、油炸类糕点、水蒸类糕点、熟粉类糕点等	—
182	07.02.02	西式糕点	从国外传入我国的糕点的统称，具有西方民族风格和特色。通常以面粉、黄油、牛奶、糖、蛋等为原料，以香草粉、椰子丝、可可、果料、果酱为辅料，经成型、烘烤制成。可裱花美化	丙二醇脂肪酸酯（10.0g/kg）
183	07.02.03	月饼	使用面粉等谷物粉、油、糖（或不加糖）调制成饼皮，包裹各种馅料，经成型、烘烤等工艺加工而成，主要在中秋节食用的传统节日食品	—
184	07.02.04	糕点上彩装	中西式糕点表面涂布的可食用装饰	赤藓红及其铝色淀（0.05g/kg），靛蓝及其铝色淀（0.1g/kg），黑豆红（0.8g/kg），黑加仑红（按生产需要适量使用），红花黄（0.2g/kg），菊花黄浸膏（0.3g/kg），可可壳色（3.0g/kg），辣椒橙（按生产需要适量使用），辣椒红（按生产需要适量使用），蓝锭果红（3.0g/kg），亮蓝及其铝色淀（0.025g/kg），柠檬黄及其铝色淀（0.1g/kg），日落黄及其铝色淀（0.1g/kg），沙棘黄（1.5g/kg），天然苋菜红（0.25g/kg），苋菜红及其铝色淀（0.05g/kg），新红及其铝色淀（0.05g/kg），胭脂红及其铝色淀（0.05g/kg），杨梅红（0.2g/kg），诱惑红及其铝色淀（0.05g/kg），紫甘薯色素（0.2g/kg）

序号	食品分类号	食品类别/名称	说明	允许使用的食品添加剂种类和最大剂量
185	07.03	饼干	饼干是以谷类粉为主要原料，添加糖类、油脂、蛋品、乳品等辅料，经面团调制、成型、烘烤（或煎烤）等工艺制成的食品。包括夹心及装饰类饼干、威化饼干、蛋卷和其他饼干	阿斯巴甜（1.7g/kg），安赛蜜（0.6g/kg），丁基羟基茴香醚（0.2g/kg），二丁基羟基甲苯（0.2g/kg），二氧化硫及亚硫酸盐（0.1g/kg），富马酸（3.0g/kg），甘草抗氧化物（0.2g/kg），甘草酸盐（按生产需要适量使用），红曲米（按生产需要适量使用），红曲红（按生产需要适量使用），花生衣红（0.4g/kg），焦糖色（加氨生产）（按生产需要适量使用），焦糖色（普通法）（按生产需要适量使用），焦糖色（亚硫酸铵法）（50.0g/kg），可可壳色（0.04g/kg），辣椒橙（按生产需要适量使用），辣椒红（按生产需要适量使用），硫酸钙（10.0g/kg），麦芽糖醇（按生产需要适量使用），麦芽糖醇液（按生产需要适量使用），没食子酸丙酯（0.1g/kg），氢氧化钾（按生产需要适量使用），山梨糖醇（按生产需要适量使用），山梨糖醇液（按生产需要适量使用），司盘类（3.0g/kg），碳酸铵（按生产需要适量使用），碳酸氢三钠（按生产需要适量使用），特丁基对苯二酚（0.2g/kg），甜菊糖苷（0.43g/kg），甜菊糖苷（酶转化法）（0.43g/kg），甜蜜素（0.65g/kg），异构化乳糖（2.0g/kg），异麦芽酮糖（按生产需要适量使用），硬脂酰乳酸钠（2.0g/kg），硬脂酰乳酸钙（2.0g/kg），栀子黄（1.5g/kg），植物炭黑（5.0g/kg），紫草红（0.1g/kg）
186	07.03.01	夹心及装饰类饼干	夹心饼干（包括注心饼干）是指在饼干单片之间添加夹心料等的饼干。装饰类饼干是指在饼干表面涂布巧克力酱、果酱等辅料或喷洒调味料，或裱粘糖花，而制成的表面有涂层、线条或图案的饼干	—
187	07.03.02	威化饼干	以小麦粉、淀粉为主要原料，加入乳化剂、膨松剂等辅料，经调粉、浇注、烘烤制成的，在多孔状片之间或造型中间添加糖和（或）甜味剂、油脂等夹心料的饼干	紫胶（0.2g/kg）

序号	食品分类号	食品类别／名称	说明	允许使用的食品添加剂种类和最大剂量
188	07.03.03	蛋卷	以小麦粉、糖、油（或无油）、鸡蛋为原料，加入疏松剂、香精等辅料调制成面浆（发酵或不发酵），经浇注或挂浆、煎烤或烘烤后卷制而成的松脆食品	柠檬黄及其铝色淀（0.04g/kg），胭脂红及其铝色淀（0.01g/kg）
189	07.03.04	其他饼干	除07.03.01～07.03.03外的饼干。包括韧性饼干、酥性饼干、苏打饼干等	—
190	07.04	焙烤食品馅料及表面用挂浆	用于焙烤食品的馅料及表面挂浆。如豆沙馅等	阿斯巴甜（1.0g/kg），茶多酚（0.4g/kg）（仅限含油脂馅料），单辛酸甘油酯（1.0g/kg）（仅限豆馅），靛蓝及其铝色淀（0.1g/kg）（仅限饼干夹心），对羟基苯甲酸酯类及其钠盐（0.5g/kg）（仅限糕点馅），富马酸（2.0g/kg），海藻酸丙二醇酯（5.0g/kg），红曲米（1.0g/kg），红曲红（1.0g/kg），焦糖色（普通法）（按生产需要适量使用），焦糖色（亚硫酸铵法）（7.5g/kg）（仅限风味派馅料），金樱子棕（1.0g/kg），可可壳色（1.0g/kg），辣椒橙（1.0g/kg），辣椒红（1.0g/kg），亮蓝及其铝色淀（0.025g/kg）（仅限饼干夹心），亮蓝及其铝色淀（0.05g/kg）（仅限风味派馅料）（仅限使用亮蓝），硫酸钙（10.0g/kg），麦芽糖醇（按生产需要适量使用），麦芽糖醇液（按生产需要适量使用），柠檬黄及其铝色淀（0.05g/kg）（仅限风味派馅料）（仅限使用柠檬黄），柠檬黄及其铝色淀（0.05g/kg）（仅限饼干夹心），柠檬黄及其铝色淀（0.3g/kg）（仅限布丁、糕点用馅料及表面用挂浆），纽甜（0.1g/kg），日落黄及其铝色淀（0.1g/kg）（仅限饼干夹心），日落黄及其铝色淀（0.3g/kg）（仅限布丁、糕点用馅料及表面用挂浆），山梨酸及其钾盐（1.0g/kg），山梨糖醇（按生产需要适量使用）（仅限焙烤食品馅料），山梨糖醇液（按生产需要适量使用）（仅限焙烤食品馅料），酸性红（0.05g/kg）（仅限饼干夹心），特丁基对苯二酚（0.2g/kg），甜蜜素（2.0g/kg）（仅限焙烤食品馅料），苋菜红及其铝色淀（0.05g/kg）（仅限饼干夹心），胭脂红及其铝色淀（0.05g/kg）（仅限饼干夹心、糕点用馅料及表面用挂浆），异麦芽酮糖（按生产

序号	食品分类号	食品类别／名称	说明	允许使用的食品添加剂种类和最大剂量
190	07.04	焙烤食品馅料及表面用挂浆	用于焙烤食品的馅料及表面挂浆。如豆沙馅等	需要适量使用），诱惑红及其铝色淀（0.1g/kg）（仅限饼干夹心），栀子黄（1.0g/kg），紫草红（1.0g/kg），紫胶红（0.5g/kg）（仅限风味派馅料）
191	07.05	其他焙烤食品	以上分类（07.01～07.04）未包括的焙烤食品	阿斯巴甜（1.7g/kg），二氧化硫及亚硫酸盐（0.05g/kg）（仅限风味派），富马酸（2.0g/kg），海藻酸丙二醇酯（5.0g/kg）
192	08.0	肉及肉制品（08.01 生、鲜肉除外）	包括生、鲜肉，预制肉制品，熟肉制品，肉制品的可食用动物肠衣类和其他熟肉制品	ε-聚赖氨酸盐酸盐（0.30g/kg）（08.03.08 肉罐头类除外），富马酸一钠（按生产需要适量使用），蔗糖脂肪酸酯（1.5g/kg）
193	08.01	生、鲜肉	包括生鲜肉、冷却肉和冻肉	—
194	08.01.01	生鲜肉	活畜、禽屠宰加工后，不经冷却、冷冻处理的新鲜产品	不得使用任何品种添加剂
195	08.01.02	冷却肉、冰鲜肉	活畜、禽屠宰加工后，经冷却工艺处理，其肌肉中心温度保持在 0～4℃的制品	不得使用任何品种添加剂
196	08.01.03	冻肉	活畜、禽屠宰加工后，经冻结处理，其肌肉中心温度在-15℃以下的制品	不得使用任何品种添加剂
197	08.02	预制肉制品	包括调理肉制品、腌腊肉制品类	β-环状糊精（1.0g/kg），氨基乙酸（3.0g/kg），茶黄素（0.3g/kg），刺云实胶（10.0g/kg），磷酸及磷酸盐（5.0g/kg），迷迭香提取物（0.3g/kg），乳酸链球菌素（0.5g/kg），沙蒿胶（0.5g/kg），双乙酸钠（3.0g/kg），双乙酰酒石酸单双甘油酯（10.0g/kg）
198	08.02.01	调理肉制品（生肉添加调理料）	以鲜（冻）畜、禽肉为主要原料，预处理（切制或绞制）后添加调味料和其他辅料，经滚揉、搅拌、调味或预加热等工艺加工而成的非即食类肉制品。调理肉制品需在冷藏或冷冻条件下贮藏、运输及销售，食用前需经二次加工	β-胡萝卜素（0.02g/kg），丙酸及其钠盐、钙盐（3.0g/kg），焦糖色（普通法）（按生产需要适量使用），可得然胶（按生产需要适量使用），辣椒红（按生产需要适量使用），辣椒油树脂（按生产需要适量使用），硫酸钙（5.0g/kg），胭脂虫红及其铝色淀（0.08g/kg）

序号	食品分类号	食品类别／名称	说明	允许使用的食品添加剂种类和最大剂量
199	08.02.02	腌腊肉制品类（如咸肉、腊肉、板鸭、中式火腿、腊肠）	以鲜（冻）畜、禽肉为主要原料，配以各种调味料，经过腌制、晾晒或烘焙等方法制成的一种半成品	茶多酚（0.4g/kg），丁基羟基茴香醚（0.2g/kg），二丁基羟基甲苯（0.2g/kg），富马酸（按生产需要适量使用），甘草抗氧化物（0.2g/kg），红花黄（0.5g/kg），红曲米（按生产需要适量使用），红曲红（按生产需要适量使用），辣椒红（按生产需要适量使用），辣椒油树脂（按生产需要适量使用），硫酸钙（5.0g/kg）（仅限腊肠），没食子酸丙酯（0.1g/kg），特丁基对苯二酚（0.2g/kg），硝酸钠（0.5g/kg）[以亚硝酸钠（钾）计，残留量≤30mg/kg]，硝酸钾（0.5g/kg）[以亚硝酸钠（钾）计，残留量≤30mg/kg]，亚硝酸钠（0.15g/kg）（以亚硝酸钠计，残留量≤30mg/kg），亚硝酸钾（0.15g/kg）（以亚硝酸钠计，残留量≤30mg/kg），乙酸钠（按生产需要适量使用），植酸（0.2g/kg），竹叶抗氧化物（0.5g/kg）
200	08.02.03	肉丸类	—	—
201	08.02.04	其他预制肉制品	以上分类（08.02.01～08.02.03）未包括的预制肉制品	—
202	08.03	熟肉制品	以鲜（冻）畜、禽肉（包括内脏）为主要原料，加入盐、酱油等调味品，经熟制工艺制成的肉制品	β-胡萝卜素（0.02g/kg），β-环状糊精（1.0g/kg），ε-聚赖氨酸（0.25g/kg），氨基乙酸（3.0g/kg），茶黄素（0.3g/kg），刺云实胶（10.0g/kg），红曲黄色素（按生产需要适量使用），红曲米（按生产需要适量使用），红曲红（按生产需要适量使用），可得然胶（按生产需要适量使用），辣椒橙（按生产需要适量使用），辣椒红（按生产需要适量使用），磷酸及磷酸盐（5.0g/kg），乳酸链球菌素（0.5g/kg）（08.03.08 肉罐头类除外），山梨酸及其钾盐（0.075g/kg）（08.03.08 肉罐头类除外），双乙酸钠（3.0g/kg）（08.03.08 肉罐头类除外），双乙酰酒石酸单双甘油酯（10.0g/kg），脱氢乙酸及其钠盐（0.5g/kg）（08.03.08 肉罐头类除外），亚麻籽胶（5.0g/kg），胭脂虫红及其铝色淀（0.5g/kg），栀子黄（1.5g/kg）

序号	食品分类号	食品类别／名称	说明	允许使用的食品添加剂种类和最大剂量
203	08.03.01	酱卤肉制品类	包括白煮肉类、酱卤肉类、糟肉类	茶多酚（0.3g/kg），甘草抗氧化物（0.2g/kg），迷迭香提取物（0.3g/kg），纳他霉素（0.3g/kg）（表面使用，混悬液喷雾或浸泡，残留量＜10mg/kg），硝酸钠（0.5g/kg）[以亚硝酸钠（钾）计，残留量≤30mg/kg]，硝酸钾（0.5g/kg）[以亚硝酸钠（钾）计，残留量≤30mg/kg]，亚硝酸钠（0.15g/kg）（以亚硝酸钠计，残留量≤30mg/kg），亚硝酸钾（0.15g/kg）（以亚硝酸钠计，残留量≤30mg/kg），植酸（0.2g/kg），竹叶抗氧化物（0.5g/kg）
204	08.03.01.01	白煮肉类	以鲜（冻）畜、禽肉为主要原料加水煮熟的肉制品	—
205	08.03.01.02	酱卤肉类	以鲜（冻）畜、禽肉或其内脏为主要原料，加食盐、酱油等调味料及香辛料，经煮制而成的一类熟肉类制品	辣椒油树脂（按生产需要适量使用）
206	08.03.01.03	糟肉类	用酒糟（或陈年香糟）代替酱汁或卤汁制作的肉制品	—
207	08.03.02	熏、烧、烤肉类（熏肉、叉烧肉、烤鸭、肉脯等）	—	丙酸及其钠盐、钙盐（3.0g/kg），茶多酚（0.3g/kg），富马酸（按生产需要适量使用），甘草抗氧化物（0.2g/kg），迷迭香提取物（0.3g/kg），纳他霉素（0.3g/kg）（表面使用，混悬液喷雾或浸泡，残留量＜10mg/kg），硝酸钠（0.5g/kg）[以亚硝酸钠（钾）计，残留量≤30mg/kg]，硝酸钾（0.5g/kg）[以亚硝酸钠（钾）计，残留量≤30mg/kg]，亚硝酸钠（0.15g/kg）（以亚硝酸钠计，残留量≤30mg/kg），亚硝酸钾（0.15g/kg）（以亚硝酸钠计，残留量≤30mg/kg），乙酸钠（按生产需要适量使用），植酸（0.2g/kg），竹叶抗氧化物（0.5g/kg）
208	08.03.03	油炸肉类	以鲜（冻）畜、禽肉为主要原料添加一些辅料及调味料拌匀后经油炸工艺制成的熟肉制品	茶多酚（0.3g/kg），富马酸（按生产需要适量使用），甘草抗氧化物（0.2g/kg），迷迭香提取物（0.3g/kg），纳他霉素（0.3g/kg）（表面使用，混悬液喷雾或浸泡，残留量＜10mg/kg），硝酸钠（0.5g/kg）

序号	食品分类号	食品类别／名称	说明	允许使用的食品添加剂种类和最大剂量
208	08.03.03	油炸肉类	以鲜（冻）畜、禽肉为主要原料添加一些辅料及调味料拌匀后经油炸工艺制成的熟肉制品	[以亚硝酸钠（钾）计，残留量≤30mg/kg]，硝酸钾（0.5g/kg）[以亚硝酸钠（钾）计，残留量≤30mg/kg]，亚硝酸钠（0.15g/kg）（以亚硝酸钠计，残留量≤30mg/kg），亚硝酸钾（0.15g/kg）（以亚硝酸钠计，残留量≤30mg/kg），乙酸钠（按生产需要适量使用），植酸（0.2g/kg），竹叶抗氧化物（0.5g/kg）
209	08.03.04	西式火腿（熏烤、烟熏、蒸煮火腿）类	以鲜（冻）畜、禽肉为原料，经精选、切块、腌制后，加入辅料，再经滚揉、填充、蒸煮、烟熏（或不烟熏）、低温杀菌制成的熟肉制品。西式火腿肉质细嫩，口味鲜美，食用方便	茶多酚（0.3g/kg），甘草抗氧化物（0.2g/kg），迷迭香提取物（0.3g/kg），纳他霉素（0.3g/kg）（表面使用，混悬液喷雾或浸泡，残留量＜10mg/kg），沙蒿胶（0.5g/kg），脱乙酰甲壳素（6.0g/kg），纤维素（按生产需要适量使用），硝酸钠（0.5g/kg）[以亚硝酸钠（钾）计，残留量≤30mg/kg]，硝酸钾（0.5g/kg）[以亚硝酸钠（钾）计，残留量≤30mg/kg]，亚硝酸钠（0.15g/kg）（以亚硝酸钠计，残留量≤70mg/kg），亚硝酸钾（0.15g/kg）（以亚硝酸钠计，残留量≤70mg/kg），胭脂树橙（0.025g/kg），诱惑红及其铝色淀（0.025g/kg），植酸（0.2g/kg），竹叶抗氧化物（0.5g/kg）
210	08.03.05	肉灌肠类	以鲜（冻）畜、禽肉为主要原料，经腌制、切碎、加入辅料、灌入肠衣内成型后经烘烤、蒸煮、烟熏等工艺加工而成的肉制品	茶多酚（0.3g/kg），赤藓红及其铝色淀（0.015g/kg），单辛酸甘油酯（0.5g/kg），富马酸（按生产需要适量使用），甘草抗氧化物（0.2g/kg），花生衣红（0.4g/kg），聚葡萄糖（按生产需要适量使用），决明胶（1.5g/kg），硫酸钙（3.0g/kg），迷迭香提取物（0.3g/kg），纳他霉素（0.3g/kg）（表面使用，混悬液喷雾或浸泡，残留量＜10mg/kg），三氯蔗糖（0.35g/kg），三赞胶（5.0g/kg），沙蒿胶（0.5g/kg），山梨糖及其钾盐（1.5g/kg），脱乙酰甲壳素（6.0g/kg），纤维素（按生产需要适量使用），硝酸钠（0.5g/kg）[以亚硝酸钠（钾）计，残留量≤30mg/kg]，硝酸钾（0.5g/kg）[以亚硝酸钠（钾）计，残留量≤30mg/kg]，亚硝酸钠（0.15g/kg）（以亚硝酸钠计，残留量≤30mg/kg），亚硝酸钾（0.15g/kg）（以亚硝酸钠计，残留量≤30mg/kg），胭脂树橙（0.025g/kg），乙酸钠（按生产需要适量使用），硬脂酰乳酸钠（2.0g/kg），硬脂酰乳酸钙（2.0g/kg），诱惑红及其铝色淀（0.015g/kg），植酸（0.2g/kg），竹叶抗氧化物（0.5g/kg）

序号	食品分类号	食品类别／名称	说明	允许使用的食品添加剂种类和最大剂量
211	08.03.06	发酵肉制品类	以鲜（冻）畜、禽肉为主要原料，加入辅料，经发酵等工艺加工而成的即食肉制品	茶多酚（0.3g/kg），甘草抗氧化物（0.2g/kg），迷迭香提取物（0.3g/kg），纳他霉素（0.3g/kg）（表面使用，混悬液喷雾或浸泡，残留量＜10mg/kg），硝酸钠（0.5g/kg）[以亚硝酸钠（钾）计，残留量≤30mg/kg]，硝酸钾（0.5g/kg）[以亚硝酸钠（钾）计，残留量≤30mg/kg]，亚硝酸钠（0.15g/kg）（以亚硝酸钠计，残留量≤30mg/kg），亚硝酸钾（0.15g/kg）（以亚硝酸钠计，残留量≤30mg/kg），植酸（0.2g/kg），竹叶抗氧化物（0.5g/kg）
212	08.03.07	熟肉干制品	—	—
213	08.03.07.01	肉松类	以鲜（冻）畜、禽肉为主要原料，经煮制、切块、撇油、添加配料、收汤、炒松、搓松制成的肌肉纤维蓬松成絮状的肉制品	—
214	08.03.07.02	肉干类	以鲜（冻）畜、禽肉为主要原料，经修割、预煮、切丁（片、条）、调味、复煮、收汤、干燥制成的肉制品	—
215	08.03.07.03	—	—	—
216	08.03.08	肉罐头类	以鲜（冻）畜、禽肉为主要原料，可加入其他原料、辅料，经装罐、密封、杀菌、冷却等工序制成的具有一定真空度、符合商业无菌要求的肉类罐装食品，可在常温条件下贮存	赤藓红及其铝色淀（0.015g/kg），甘草酸盐（按生产需要适量使用），亚硝酸钠（0.15g/kg）（以亚硝酸钠计，残留量≤50mg/kg），亚硝酸钾（0.15g/kg）（以亚硝酸钠计，残留量≤50 mg/kg）
217	08.03.09	其他熟肉制品	以上分类（08.03.01～08.03.08）未包括的肉及肉制品	硫酸钙（5.0g/kg）
218	08.04	肉制品的可食用动物肠衣类	由猪、牛、羊等的肠以及膀胱除去黏膜后腌制或干制而成的肠衣	β-胡萝卜素（5.0g/kg），胭脂红及其铝色淀（0.025g/kg），诱惑红及其铝色淀（0.05g/kg）

序号	食品分类号	食品类别/名称	说明	允许使用的食品添加剂种类和最大剂量
219	09.0	水产及其制品（包括鱼类、甲壳类、贝类、软体类、棘皮类等水产及其加工制品等）（09.01 鲜水产除外）	包括鲜水产、冷冻水产品及其制品、预制水产品（半成品）、熟制水产品（可直接食用）、水产品罐头和其他水产品及其制品	茶黄素（0.3g/kg），富马酸一钠（按生产需要适量使用）[09.03 预制水产品（半成品）除外]，双乙酰酒石酸单双甘油酯（10.0g/kg）[09.03 预制水产品（半成品）除外]，稳定态二氧化氯（0.05g/kg）[09.03 预制水产品（半成品）、09.05 水产品罐头除外]（仅限鱼类加工），竹叶抗氧化物（0.5g/kg）[09.03 预制水产品（半成品）除外]
220	09.01	鲜水产	除冷藏、加冰保鲜以外，不进行任何其他处理的水产品	4-己基间苯二酚（按生产需要适量使用）（仅限虾类）（残留量≤1mg/kg），二氧化硫及亚硫酸盐（0.1g/kg）（仅限于海水虾蟹类），植酸（按生产需要适量使用）（仅限虾类）（残留量≤ 20mg/kg）
221	09.02	冷冻水产品及其制品	包括冷冻制品、冷冻挂浆制品、冷冻鱼糜制品（包括鱼丸等）	二氧化硫及亚硫酸盐（0.1g/kg）（仅限于海水虾蟹类及其制品）
222	09.02.01	冷冻水产品	—	磷酸及磷酸盐（5.0g/kg）
223	09.02.02	冷冻挂浆制品	经预加工的水产品，在表面附上面粉或裹粉等辅料，再冷冻保藏的生制品	阿斯巴甜（0.3g/kg），富马酸（按生产需要适量使用），乙酸钠（按生产需要适量使用）
224	09.02.03	冷冻水产糜及其制品（包括冷冻丸类产品等）	鲜鱼肉添加调味料和辅料斩拌后擂溃成黏稠的鱼肉糊，成型后经油炸或水煮，变成具有弹性的凝胶体，产品经冷冻保藏	β-胡萝卜素（1.0g/kg），阿斯巴甜（0.3g/kg），番茄红（0.08g/kg），可得然胶（按生产需要适量使用），辣椒橙（按生产需要适量使用），辣椒红（按生产需要适量使用），磷酸及磷酸盐（5.0g/kg），硫酸钙（3.0g/kg），麦芽糖醇（0.5g/kg），麦芽糖醇液（0.5g/kg），沙蒿胶（0.5g/kg），山梨糖醇（20.0g/kg），山梨糖醇液（20.0g/kg）
225	09.03	预制水产品（半成品）	包括醋渍或肉冻状水产品、腌制水产品、鱼子制品、风干、烘干、压干等水产品和其他预制水产品（鱼肉饺皮）	β-胡萝卜素（1.0g/kg），阿斯巴甜（0.3g/kg），茶多酚（0.3g/kg），磷酸及磷酸盐（1.0g/kg），纽甜（0.01g/kg），普鲁兰多糖（30.0g/kg），山梨酸及其钾盐（0.075g/kg）

序号	食品分类号	食品类别／名称	说明	允许使用的食品添加剂种类和最大剂量
226	09.03.01	醋渍或肉冻状水产品	醋渍水产品：将水产品浸泡在醋或酒中制得的产品，加或不添加盐和香辛料。肉冻状水产品：将水产品煮或蒸来嫩化，可以添加醋／酒、盐和防腐剂，固化成肉冻状产品	—
227	09.03.02	腌制水产品	—	甘草抗氧化物（0.2g/kg），硫酸铝钾（按生产需要适量使用）（仅限海蜇）[铝的残留量≤500 mg/kg（以即食海蜇中 Al 计）]，硫酸铝铵（按生产需要适量使用）（仅限海蜇）[铝的残留量≤500 mg/kg（以即食海蜇中 Al 计）]，山梨酸及其钾盐（1.0g/kg）（仅限即食海蜇）
228	09.03.03	鱼子制品	用海水鱼或淡水鱼的卵为原料，添加调味料及其他辅料加工制成的鱼卵制品	亮蓝及其铝色淀（0.2g/kg）（仅限使用亮蓝），柠檬黄及其铝色淀（0.15g/kg）（仅限使用柠檬黄），日落黄及其铝色淀（0.2g/kg）（仅限使用日落黄），胭脂红及其铝色淀（0.16g/kg）（仅限使用胭脂红）
229	09.03.04	风干、烘干、压干等水产品	经风吹、烘烤、挤压等工艺制成的水产干制品。如鳗鱼鲞	丁基羟基茴香醚（0.2g/kg），二丁基羟基甲苯（0.2g/kg），没食子酸丙酯（0.1g/kg），山梨酸及其钾盐（1.0g/kg），特丁基对苯二酚（0.2g/kg）
230	09.03.05	其他预制水产品（如鱼肉饺皮）	以上各类（09.03.01～09.03.04）未包括的预制水产品	—
231	09.04	熟制水产品（可直接食用）	包括熟干水产品，经烹调或油炸的水产品，熏、烤水产品，发酵水产品和鱼肉灌肠类	β-胡萝卜素（1.0g/kg），阿斯巴甜（0.3g/kg），茶多酚（0.3g/kg），番茄红（0.08g/kg），辣椒红（按生产需要适量使用），磷酸及磷酸盐（5.0g/kg），乳酸链球菌素（0.5g/kg），山梨酸及其钾盐（1.0g/kg），双乙酸钠（1.0g/kg）
232	09.04.01	熟干水产品	经熟制的水产干制品	山梨糖醇（按生产需要适量使用），山梨糖醇液（按生产需要适量使用）

序号	食品分类号	食品类别／名称	说明	允许使用的食品添加剂种类和最大剂量
233	09.04.02	经烹调或油炸的水产品	用蒸、煮或油炸等加工工艺制成的水产品	富马酸（按生产需要适量使用），辣椒油树脂（按生产需要适量使用），山梨糖醇（按生产需要适量使用），山梨糖醇液（按生产需要适量使用），乙酸钠（按生产需要适量使用）
234	09.04.03	熏、烤水产品	用熏蒸、烧烤等加工工艺制成的水产品	富马酸（按生产需要适量使用），山梨糖醇（按生产需要适量使用），山梨糖醇液（按生产需要适量使用），乙酸钠（按生产需要适量使用）
235	09.04.04	发酵水产品	经发酵工艺制成的水产品	—
236	09.04.05	鱼肉灌肠类	以冷冻鱼糜或鲜鱼肉为主要原料，经斩拌、加入辅料、灌入肠衣内成型后熟制而成的水产品	—
237	09.05	水产品罐头	以鲜（冻）水产品为原料，加入其他原辅料，采用罐藏工艺生产的食品	β-胡萝卜素（0.5g/kg），阿斯巴甜（0.3g/kg），茶多酚（0.3g/kg），磷酸及磷酸盐（1.0g/kg），纽甜（0.01g/kg）
238	09.06	其他水产品及其制品	以上分类（09.01～09.05）未包括的水产及其制品	山梨酸及其钾盐（1.0g/kg）
239	10.0	蛋及蛋制品	包括鲜蛋、不改变物理性状的再制蛋和改变了物理性状的蛋制品以及其他蛋制品	—
240	10.01	鲜蛋	各种禽类生产的、未经加工的蛋	白油（5.0g/kg），蔗糖脂肪酸酯（1.5g/kg）（用于鸡蛋保鲜）
241	10.02	再制蛋（不改变物理性状）	蛋加工过程中去壳或不去壳、不改变蛋形的制成品，包括卤蛋、糟蛋、皮蛋、咸蛋等	—
242	10.02.01	卤蛋	以鲜蛋为原料，经前处理、卤制、杀菌等工序制成的即食蛋制品	ε-聚赖氨酸盐酸盐（0.5g/kg），红曲黄色素（按生产需要适量使用）
243	10.02.02	糟蛋	以鲜蛋为原料，经裂壳，用食盐、酒糟及其他配料腌渍而成的蛋类产品，又名醉蛋	不得使用任何品种添加剂

序号	食品分类号	食品类别/名称	说明	允许使用的食品添加剂种类和最大剂量
244	10.02.03	皮蛋	皮蛋又名松花蛋，是以鲜蛋为原料，经清洗、挑选后，用生石灰、盐以及相关食品级加工助剂配制的料液（泥）加工而成的制品	不得使用任何品种添加剂
245	10.02.04	咸蛋	以鲜蛋为原料，经用盐水或含盐的纯净黄泥、红泥、草木灰等腌制而成的蛋类产品	不得使用任何品种添加剂
246	10.02.05	其他再制蛋	以上各类（10.02.01～10.02.04）未包括的再制蛋	双乙酰酒石酸单双甘油酯（5.0g/kg）
247	10.03	蛋制品（改变其物理性状）[10.03.01 脱水蛋制品（如蛋白粉、蛋黄粉、蛋白片）、10.03.03 蛋液与液态蛋除外]	以鲜蛋为原料，添加或不添加辅料，经相应工艺加工制成的改变了蛋形的制成品。包括脱水蛋制品（如蛋白粉、蛋黄粉、蛋白片）、热凝固蛋制品（如蛋黄酪、松花蛋肠）、冷冻蛋制品（如冰蛋）、液体蛋和其他蛋制品	β-胡萝卜素（1.0g/kg），爱德万甜（0.0004g/kg），红曲米（按生产需要适量使用），红曲红（按生产需要适量使用），乳酸链球菌素（0.25g/kg），山梨酸及其钾盐（1.5g/kg）
248	10.03.01	脱水蛋制品（如蛋白粉、蛋黄粉、蛋白片）	在生产过程中经过干燥处理的蛋制品，包括巴氏杀菌全蛋粉（片）、蛋黄粉（片）、蛋白粉（片）等	二氧化硅（15.0g/kg）
249	10.03.02	热凝固蛋制品（如蛋黄酪、皮蛋肠）	以蛋或蛋制品为原料，经热凝固处理后制得的产品。如蛋黄酪、松花蛋肠等	对羟基苯甲酸酯类及其钠盐（0.2g/kg），磷酸及磷酸盐（5.0g/kg）
250	10.03.03	蛋液与液态蛋	鲜蛋去壳后，冰冻保存或者经巴氏杀菌后常温保存的全蛋液、蛋清或蛋黄液	不得使用任何品种添加剂
251	10.04	其他蛋制品	以上各类（10.01～10.03）未包括的蛋制品	β-胡萝卜素（0.15g/kg），阿斯巴甜（1.0g/kg），红曲米（按生产需要适量使用），红曲红（按生产需要适量使用），纽甜（0.1g/kg），双乙酰酒石酸单双甘油酯（5.0g/kg）

序号	食品分类号	食品类别 / 名称	说明	允许使用的食品添加剂种类和最大剂量
252	11.0	甜味料，包括蜂蜜	包括食糖、淀粉糖、蜂蜜及花粉、餐桌甜味料、调味糖浆等	—
253	11.01	食糖	以甘蔗、甜菜或原糖为原料生产的白糖及其制品，以及其他糖和糖浆	硅酸钙（按生产需要适量使用），麦芽糖醇（按生产需要适量使用），麦芽糖醇液（按生产需要适量使用），山梨糖醇（按生产需要适量使用），山梨糖醇液（按生产需要适量使用）
254	11.01.01	白砂糖及白砂糖制品、绵白糖、红糖、冰片糖	白砂糖是甘蔗、甜菜糖浆经澄清、过滤、浓缩、结晶、分蜜及干燥的白色砂粒状蔗糖。白砂糖制品包括白砂糖、绵白糖、冰糖、方糖、糖霜（糖粉）等	二氧化硫及亚硫酸盐（0.03g/kg），硫磺（0.03g/kg）（只限用于熏蒸）
255	11.01.02	赤砂糖、原糖、其他糖和糖浆	赤砂糖是带糖蜜的糖浆结晶品，是红糖的一种，含有铁、铬等微量元素。原糖是甘蔗、甜菜糖浆经简单过滤、澄清、浓缩、结晶、离心分离制成的带有一层糖蜜，不供直接食用，作为精炼糖原料的糖。其他糖和糖浆包括蔗糖来源的果糖、糖蜜、部分转化糖、槭树糖浆等	单、双甘油脂肪酸酯（6.0g/kg），二氧化硫及亚硫酸盐（0.1g/kg），海藻酸钠（10.0g/kg），黄原胶（5.0g/kg），卡拉胶（5.0g/kg），硫磺（0.1g/kg）（只限用于熏蒸），双乙酰酒石酸单双甘油酯（5.0g/kg）
256	11.02	淀粉糖（食用葡萄糖、低聚异麦芽糖、果葡糖浆、麦芽糖、麦芽糊精、葡萄糖浆等）	以淀粉或含淀粉的原料，经酶和（或）酸水解制成的液体、粉状或晶体的糖。低聚异麦芽糖、果葡糖浆都是酶转化的淀粉糖产品。麦芽糖、麦芽糊精、葡萄糖浆都是特定水解度的淀粉糖产品	二氧化硫及亚硫酸盐（0.04g/kg），麦芽糖醇（按生产需要适量使用），麦芽糖醇液（按生产需要适量使用），山梨糖醇（按生产需要适量使用），山梨糖醇液（按生产需要适量使用）
257	11.03	蜂蜜及花粉	—	—

序号	食品分类号	食品类别／名称	说明	允许使用的食品添加剂种类和最大剂量
258	11.03.01	蜂蜜	蜜蜂采集植物的花蜜、分泌物或蜜露后，存入自己第二个胃中，在体内把花蜜中的多糖转变成葡萄糖、果糖而成的天然甜物质。蜂蜜含多种维生素、矿物质和氨基酸	不得使用任何品种添加剂
259	11.03.02	花粉	蜜蜂采集被子植物雄蕊花药或裸子植物小孢子囊内的花粉细胞，形成的团粒状物	不得使用任何品种添加剂
260	11.04	餐桌甜味料	直接供消费者食用的调味料，由高浓度甜味剂或其混合物构成，作为糖类替代品	阿力甜（按生产需要适量使用），阿斯巴甜（按生产需要适量使用），爱德万甜（按生产需要适量使用），安赛蜜（按生产需要适量使用），硅酸钙（按生产需要适量使用），麦芽糖醇（按生产需要适量使用），麦芽糖醇液（按生产需要适量使用），纽甜（按生产需要适量使用），三氯蔗糖（按生产需要适量使用），索马甜（按生产需要适量使用），天门冬酰苯丙氨酸甲酯乙酰磺胺酸（按生产需要适量使用），甜菊糖苷（按生产需要适量使用），甜菊糖苷（酶转化法）（按生产需要适量使用），甜蜜素（按生产需要适量使用）
261	11.05	调味糖浆	以白砂糖或葡萄糖浆、果葡糖浆为主要原料，加入水果、果浆或果汁等水果制品、增稠剂、食品用香料等制成的一种增甜糖浆	β-胡萝卜素（0.05g/kg），阿斯巴甜（3.0g/kg），爱德万甜（按生产需要适量使用），苯甲酸及其钠盐（1.0g/kg），二氧化硫及亚硫酸盐（0.05g/kg），二氧化钛（5.0g/kg），海藻酸丙二醇酯（5.0g/kg），红曲米（按生产需要适量使用），红曲红（按生产需要适量使用），姜黄素（0.5g/kg），焦糖色（加氨生产）（按生产需要适量使用），焦糖色（普通法）（按生产需要适量使用），亮蓝及其铝色淀（0.025g/kg），磷酸及磷酸盐（10.0g/kg），氯化钙（0.4g/kg），纽甜（0.07g/kg），山梨酸及其钾盐（1.0g/kg），甜菊糖苷（0.91g/kg），甜菊糖苷（酶转化法）（0.91g/kg），胭脂红及其铝色淀（0.2g/kg），硬脂酰乳酸钠（2.0g/kg），硬脂酰乳酸钙（2.0g/kg），诱惑红及其铝色淀（0.3g/kg），蔗糖脂肪酸酯（5.0g/kg），植酸（0.2g/kg）

序号	食品分类号	食品类别/名称	说明	允许使用的食品添加剂种类和最大剂量
262	11.05.01	水果调味糖浆	以水果、果浆或果汁等水果制品、糖类为主要原料，加入适量辅料制成的糖浆。可作为雪糕顶料直接灌注在雪糕顶部	茶多酚（0.5g/kg），亮蓝及其铝色淀（0.5g/kg），柠檬黄及其铝色淀（0.5g/kg），日落黄及其铝色淀（0.5g/kg），苋菜红及其铝色淀（0.3g/kg），胭脂红及其铝色淀（0.5g/kg）
263	11.05.02	其他调味糖浆	不以水果、果浆或果汁等水果制品为原料制成的调味糖浆。如巧克力调味糖浆是以可可、乳粉、糖类等为原料，加入适量辅料，制成的巧克力糖浆	柠檬黄及其铝色淀（0.3g/kg），日落黄及其铝色淀（0.3g/kg）
264	11.06	其他甜味料	以上五类（11.01～11.05）未包括的甜味料	爱德万甜（按生产需要适量使用），二氧化硅（15.0g/kg）（仅限糖粉）
265	12.0	调味品（12.01 盐及代盐制品、12.09 香辛料类除外）	包括盐及代盐制品、鲜味剂和助鲜剂、食醋、酱油、酿造酱、料酒及制品、香辛料类、复合调味料和其他调味品	L-丙氨酸（按生产需要适量使用），ε-聚赖氨酸盐酸盐（0.50g/kg），安赛蜜（0.5g/kg），氨基乙酸（1.0g/kg），淀粉磷酸酯钠（按生产需要适量使用），甘草酸盐（按生产需要适量使用），红花黄（0.5g/kg），红曲米（按生产需要适量使用），红曲红（按生产需要适量使用），琥珀酸二钠（20.0g/kg），姜黄（按生产需要适量使用），聚甘油脂肪酸酯（10.0g/kg）（仅限用于膨化食品的调味料），辣椒红（按生产需要适量使用）[12.09 中仅 12.09.01 香辛料及粉、12.09.03 香辛料酱（如芥末酱、青芥酱）、12.09.04 其他香辛料加工品类除外]，山梨糖醇（按生产需要适量使用），山梨糖醇液（按生产需要适量使用），双乙酸钠（2.5g/kg），天门冬酰苯丙氨酸甲酯乙酰磺胺酸（1.13g/kg），甜菊糖苷（0.35g/kg），甜菊糖苷（酶转化法）（0.35g/kg），皂荚糖胶（4.0g/kg），蔗糖脂肪酸酯（5.0g/kg），栀子黄（1.5g/kg），栀子蓝（0.5g/kg）
266	12.01	盐及代盐制品	盐主要为食品级的氯化钠，代盐制品是为减少钠的含量，代替食用盐的调味料，如氯化钾等	二氧化硅（20.0g/kg），硅酸钙（按生产需要适量使用），酒石酸铁（0.106g/kg），氯化钾（350g/kg），柠檬酸铁铵（0.025g/kg），亚铁氰化钾（0.01g/kg）（以亚铁氰根计），亚铁氰化钠（0.01g/kg）（以亚铁氰根计）

序号	食品分类号	食品类别/名称	说明	允许使用的食品添加剂种类和最大剂量
267	12.02	鲜味剂和助鲜剂	具有鲜味的和明显增强鲜味作用的物质	—
268	12.03	食醋	含有一定量乙酸的液态调味品。用含淀粉多的粮食原料、食用酒精等经过微生物发酵制成	阿斯巴甜（3.0g/kg），苯甲酸及其钠盐（1.0g/kg），丙酸及其钠盐、钙盐（2.5g/kg），对羟基苯甲酸酯类及其钠盐（0.25g/kg），甲壳素（1.0g/kg），焦糖色（加氨生产）（1.0g/kg），焦糖色（普通法）（按生产需要适量使用），萝卜红（按生产需要适量使用），纽甜（0.012g/kg），乳酸链球菌素（0.15g/kg），三氯蔗糖（0.25g/kg），山梨酸及其钾盐（1.0g/kg）
269	12.04	酱油	由大豆、小麦、麸皮等经过制曲、发酵等程序酿制而成的调味料。含氨基酸、糖类、有机酸等成分，呈红褐色，有独特酱香，滋味鲜美	安赛蜜（1.0g/kg），苯甲酸及其钠盐（1.0g/kg），丙酸及其钠盐、钙盐（2.5g/kg），对羟基苯甲酸酯类及其钠盐（0.25g/kg），焦糖色（加氨生产）（按生产需要适量使用），焦糖色（普通法）（按生产需要适量使用），焦糖色（亚硫酸铵法）（按生产需要适量使用），乳酸链球菌素（0.2g/kg），三氯蔗糖（0.25g/kg），山梨酸及其钾盐（1.0g/kg），天门冬酰苯丙氨酸甲酯乙酰磺胺酸（2.0g/kg）
270	12.05	酿造酱	以粮食为主要原料经微生物发酵酿制的半固态酱类。如黄豆酱、大酱、甜面酱、豆瓣酱等	苯甲酸及其钠盐（1.0g/kg），赤藓红及其铝色淀（0.05g/kg），对羟基苯甲酸酯类及其钠盐（0.25g/kg），焦糖色（加氨生产）（按生产需要适量使用），焦糖色（普通法）（按生产需要适量使用），焦糖色（亚硫酸铵法）（10.0g/kg），乳酸链球菌素（0.2g/kg），三氯蔗糖（0.25g/kg），山梨酸及其钾盐（0.5g/kg），羧甲基淀粉钠（0.1g/kg），纤维素（按生产需要适量使用）
271	12.06	—	—	—
272	12.07	料酒及制品	以发酵酒、蒸馏酒或食用酒精为主要原料，添加各种调味料（也可加入植物香辛料），配制加工而成的液体调味品	焦糖色（亚硫酸铵法）（10.0g/kg）
273	12.08	—	—	—
274	12.09	香辛料类	包括香辛料及粉、香辛料油、香辛料酱及其他香辛料加工品	单、双甘油脂肪酸酯（5.0g/kg），二氧化硅（20.0g/kg），双乙酰酒石酸单双甘油酯（0.001g/kg）

序号	食品分类号	食品类别/名称	说明	允许使用的食品添加剂种类和最大剂量
275	12.09.01	香辛料及粉	香辛料主要来自各种天然生长植物的果实、茎、叶、皮、根、种子、花蕾等，是具有特定的风味、色泽和刺激性味感的植物性产品。香辛料粉由一种或多种香辛料的干燥物组成，包括整粒、大颗粒和粉末状制品	硅酸钙（按生产需要适量使用），亮蓝及其铝色淀（0.01g/kg），硫磺（0.15g/kg）（只限用于熏蒸）（仅限八角），硬脂酸钙（20.0g/kg），硬脂酸钾（20.0g/kg），藻蓝（0.8g/kg）
276	12.09.02	香辛料油	从一种或多种香辛料中萃取其呈味物质，用植物油等作为分散剂的制品。如黑胡椒油、花椒油、辣椒油、芥末油、香辛料调味油等	辣椒油树脂（按生产需要适量使用）
277	12.09.03	香辛料酱（如芥末酱、青芥酱）	—	亮蓝及其铝色淀（0.01g/kg），柠檬黄及其铝色淀（0.1g/kg），纽甜（0.012g/kg），三氯蔗糖（0.4g/kg），纤维素（按生产需要适量使用）
278	12.09.04	其他香辛料加工品	除以上三类（12.09.01～12.09.03）外的香辛料产品	—
279	12.10	复合调味料	包括固体、半固体、液体复合调味料	爱德万甜（0.0005g/kg），苯甲酸及其钠盐（0.6g/kg），丙二醇脂肪酸酯（20.0g/kg），茶多酚（0.1g/kg），茶黄素（0.1g/kg），赤藓红及其铝色淀（0.05g/kg），硅酸钙（按生产需要适量使用），姜黄素（0.1g/kg），焦糖色（加氨生产）（按生产需要适量使用），焦糖色（普通法）（按生产需要适量使用），焦糖色（亚硫酸铵法）（50.0g/kg），辣椒油树脂（10.0g/kg），磷酸及磷酸盐（20.0g/kg），萝卜红（按生产需要适量使用），氯化镁（按生产需要适量使用），纽甜（0.07g/kg），普鲁兰多糖（50.0g/kg），日落黄及其铝色淀（0.2g/kg），乳酸钙（10.0g/kg）（仅限油炸薯类调味料），乳酸链球菌素（0.2g/kg），三氯蔗糖（0.25g/kg），山梨酸及其钾盐（1.0g/kg），双乙酸钠

序号	食品分类号	食品类别／名称	说明	允许使用的食品添加剂种类和最大剂量
279	12.10	复合调味料	包括固体、半固体、液体复合调味料	（10.0g/kg），糖精钠（0.15g/kg），甜蜜素（0.65g/kg）脱氢乙酸及其钠盐（0.5g/kg），维生素E（按生产需要适量使用），胭脂虫红及其铝色淀（1.0g/kg），胭脂树橙（0.1g/kg），乙二胺四乙酸二钠（0.075g/kg），乙二胺四乙酸二钠钙（0.075g/kg），乙酸钠（10.0g/kg），植物炭黑（5.0g/kg），紫胶红（0.5g/kg）
280	12.10.01	固体复合调味料	以两种或两种以上的调味品为主要原料，添加或不添加辅料，加工而成的固态的复合调味料	L（+）-酒石酸（10.0g/kg），dl-酒石酸（10.0g/kg），β-胡萝卜素（2.0g/kg），阿斯巴甜（2.0g/kg），丁基羟基茴香醚（0.2g/kg）（仅限鸡肉粉），二氧化硅（20.0g/kg），核黄素（0.05g/kg），聚甘油脂肪酸酯（10.0g/kg），没食子酸丙酯（0.1g/kg）（仅限鸡肉粉），迷迭香提取物（0.7g/kg），柠檬黄及其铝色淀（0.2g/kg），吐温类（4.5g/kg），硬脂酸钙（20.0g/kg），诱惑红及其铝色淀（0.04g/kg）
281	12.10.01.01	固体汤料	以动植物和（或）其浓缩抽提物为主要风味原料，添加食盐等调味料及辅料，干燥加工而成的复合调味料	番茄红素（0.39g/kg），苋菜红及其铝色淀（0.2g/kg）
282	12.10.01.02	鸡精、鸡粉	以味精、鸡肉或鸡骨的粉末或其浓缩抽提物、呈味核苷酸二钠及食用盐等为原料，添加或不添加香辛料和（或）食品用香料，经混合加工而成，具有鸡的鲜味和香味的复合调味料	红曲黄色素（按生产需要适量使用）
283	12.10.01.03	其他固体复合调味料	除上述两类（12.10.01.01～12.10.01.02）外的其他固体复合调味料	磷酸及磷酸盐（80.0g/kg）（仅限方便湿面调味料包）

序号	食品分类号	食品类别／名称	说明	允许使用的食品添加剂种类和最大剂量
284	12.10.02	半固体复合调味料	由两种或两种以上调味料为主要原料，添加或不添加辅料，加工制成的复合半固体状调味品，一般指膏状或酱状调味品。如沙拉酱、蛋黄酱和其他复合调味酱	β-阿朴-8′-胡萝卜素醛（0.005g/kg），β-胡萝卜素（2.0g/kg），阿斯巴甜（2.0g/kg），苯甲酸及其钠盐（1.0g/kg），二氧化硫及亚硫酸盐（0.05g/kg），番茄红（0.125g/kg），番茄红素（0.04g/kg），海藻酸丙二醇酯（8.0g/kg），聚甘油蓖麻醇酸酯（5.0g/kg），聚甘油脂肪酸酯（10.0g/kg），决明胶（2.5g/kg），辣椒橙（按生产需要适量使用），亮蓝及其铝色淀（0.5g/kg），罗望子多糖胶（7.0g/kg），麦芽糖醇（按生产需要适量使用），麦芽糖醇液（按生产需要适量使用），迷迭香提取物（0.3g/kg），柠檬黄及其铝色淀（0.5g/kg），日落黄及其铝色淀（0.5g/kg），双乙酰酒石酸单双甘油酯（10.0g/kg），吐温类（5.0g/kg），胭脂虫红及其铝色淀（0.05g/kg），胭脂红及其铝色淀（0.5g/kg）（12.10.02.01 蛋黄酱、沙拉酱除外），诱惑红及其铝色淀（0.5g/kg）（12.10.02.01 蛋黄酱、沙拉酱除外）
285	12.10.02.01	蛋黄酱、沙拉酱	以植物油、酸性配料（食醋、酸味剂）、蛋黄为主料，辅以甜味剂、食盐、乳化剂、增稠剂等配料，经混合搅拌、乳化均质制成的半固体乳化调味料	二氧化钛（0.5g/kg），甲壳素（2.0g/kg），聚葡萄糖（按生产需要适量使用），可得然胶（按生产需要适量使用），纳他霉素（0.02g/kg）（残留量≤10 mg/kg），三氯蔗糖（1.25g/kg），胭脂红及其铝色淀（0.2g/kg），盐酸（按生产需要适量使用）
286	12.10.02.02	调味酱	以畜禽肉、海产品、蔬菜等原料和（或）其提取物为基础原料，添加其他调味品，以及添加或不添加黄豆酱、甜面酱等其他辅料制成的调味酱	对羟基苯甲酸酯类及其钠盐（0.25g/kg），羧甲基淀粉钠（0.1g/kg），纤维素（按生产需要适量使用）
287	12.10.02.03	—	—	—
288	12.10.02.04	其他半固体复合调味料	以上三类（12.10.02.01～12.10.02.03）未包括的半固体复合调味料	硫酸钙（10.0g/kg）

序号	食品分类号	食品类别／名称	说明	允许使用的食品添加剂种类和最大剂量
289	12.10.03	液体复合调味料	以两种或两种以上的调味料为主要原料，添加或不添加其他辅料，加工而成的复合液态调味品。如鸡汁调味料、糟卤等	β-胡萝卜素（1.0g/kg），阿斯巴甜（3.0g/kg），安赛蜜（1.0g/kg），苯甲酸及其钠盐（1.0g/kg），丙酸及其钠盐、钙盐（2.5g/kg），对羟基苯甲酸酯类及其钠盐（0.25g/kg），甲壳素（1.0g/kg），决明胶（2.5g/kg），罗望子多糖胶（3.0g/kg），麦芽糖醇（按生产需要适量使用），麦芽糖醇液（按生产需要适量使用），迷迭香提取物（0.3g/kg），柠檬黄及其铝色淀（0.15g/kg），双乙酰酒石酸单双甘油酯（5.0g/kg），天门冬酰苯丙氨酸甲酯乙酰磺胺酸（2.0g/kg），吐温类（1.0g/kg）
290	12.10.03.01	浓缩汤	以动植物或其提取物为主要原料，添加食盐等调味料及辅料，经浓缩而成的汤料	—
291	12.10.03.02	肉汤、骨汤	以鲜（冻）畜、禽、鱼的肉、骨或其抽提物为主要原料，添加调味料及辅料制成的汤料	—
292	12.10.03.03	调味汁	具有各式风味的佐餐液体调味料。调味汁质量不执行酱油标准（氨基氮不低于 0.4g/100mL）	—
293	12.10.03.04	蚝油、虾油、鱼露等	蚝油：利用牡蛎蒸、煮后的汁液进行浓缩，或直接酶解牡蛎肉，再加入食糖和（或）其他配料和食品添加剂制成的调味品。虾油：从虾酱中提取的汁液。鱼露：以鱼、虾、贝类为原料，在较高盐分下经生物酶解制成的鲜味液体调味品。包括其他来源相类似的液体复合调味料	—
294	12.10.03.05	其他液体复合调味料	以上四类（12.10.03.01～12.10.03.04）未包括的液体复合调味料	—

序号	食品分类号	食品类别/名称	说明	允许使用的食品添加剂种类和最大剂量
295	12.11	其他调味品	除以上十类（12.01～12.10）外的调味料	—
296	13.0	特殊膳食用食品	包括婴幼儿配方食品、婴幼儿辅助食品和其他特殊膳食用食品	—
297	13.01	婴幼儿配方食品	包含婴儿配方食品、较大婴儿和幼儿配方食品、特殊医学用途婴儿配方食品	槐豆胶（7.0 g/L）（以即食状态计），卡拉胶（0.3g/L）（以即食状态计），抗坏血酸棕榈酸酯（0.05g/kg）（以油脂中抗坏血酸计），柠檬酸脂肪酸甘油酯（24.0g/kg），氢氧化钙（按生产需要适量使用），氢氧化钾（按生产需要适量使用），异构化乳糖（15.0g/kg）
298	13.01.01	婴儿配方食品	以乳及其加工制品和（或）豆类及其加工制品为主要原料，加入适量的维生素、矿物质和其他辅料，经加工制成的供0～12月龄婴儿食用的产品	酪蛋白酸钠（1.0g/L）（以即食状态计，作为花生四烯酸和二十二碳六烯酸载体），磷酸及磷酸盐（1.0g/kg）（仅限使用磷酸氢钙和磷酸二氢钠），辛烯基琥珀酸淀粉钠（1.0g/L）（以即食状态计）（作为花生四烯酸和二十二碳六烯酸载体）
299	13.01.02	较大婴儿和幼儿配方食品	以乳及其加工制品和（或）豆类及其加工制品为主要原料，加入适量的维生素、矿物质和其他辅料，经加工制成的供6～12个月婴儿和1～3岁幼儿食用的产品	瓜尔胶（1.0g/L）（以即食状态计），酪蛋白酸钠（1.0g/L）（以即食状态计，作为花生四烯酸和二十二碳六烯酸载体），磷酸及磷酸盐（1.0g/kg）（仅限使用磷酸氢钙和磷酸二氢钠），辛烯基琥珀酸淀粉钠（50.0g/L）（以即食状态计，作为花生四烯酸和二十二碳六烯酸载体）
300	13.01.03	特殊医学用途婴儿配方食品	指针对患有特殊紊乱、疾病或医疗状况等特殊医学状况婴儿的营养需求而设计制成的粉状或液态配方食品。在医生或临床营养师的指导下，单独食用或与其他食物配合食用时，其能量和营养成分能够满足0～12月龄特殊医学状况婴儿的生长发育需求	黄原胶（9.0g/kg）（使用量仅限粉状产品，液态产品按照稀释倍数折算），磷酸及磷酸盐（1.0g/kg）（以即食状态计）（仅限使用磷酸氢钙和磷酸二氢钠），辛烯基琥珀酸淀粉钠（150.0 g/kg）（使用量仅限粉状产品，液态产品按照稀释倍数折算）

序号	食品分类号	食品类别／名称	说明	允许使用的食品添加剂种类和最大剂量
301	13.02	婴幼儿辅助食品	包括婴幼儿谷类辅助食品和婴幼儿罐装辅助食品	抗坏血酸棕榈酸酯（0.05g/kg）（以油脂中抗坏血酸计），磷酸及磷酸盐（1.0g/kg）（仅限使用磷酸氢钙和磷酸二氢钠）
302	13.02.01	婴幼儿谷类辅助食品	以一种或多种谷物（如小麦、大米、大麦、燕麦、黑麦、玉米等）为主要原料，且谷物占干物质组成的 25% 以上，添加适量的营养强化剂和（或）其他辅料，经加工制成的适于 6 月龄以上婴儿和幼儿食用的辅助食品	—
303	13.02.02	婴幼儿罐装辅助食品	食品原料经罐藏工艺加工，可在常温下保存的适于 6 月龄以上婴幼儿食用的辅助食品	—
304	13.03	其他特殊膳食用食品	除上述类别外的其他特殊膳食用食品（包括辅食营养补充品、运动营养食品，以及其他具有相应国家标准的特殊膳食用食品）	达瓦树胶（3.0g/kg）（特殊医学用途配方食品，仅限 10 岁以上人群），二氧化硅（10.0g/kg）（特殊医学用途配方食品，仅限 1～10 岁人群），海藻酸钠（1.0g/kg）（特殊医学用途配方食品中氨基酸代谢障碍配方产品，适用于 13 月龄～36 月龄幼儿人群），海藻酸钠（按生产需要适量使用）（特殊医学用途配方食品中氨基酸代谢障碍配方产品，适用于 37 月龄～10 岁人群）
305	14.0	饮料类 [14.01 包装饮用水、14.02.01 果蔬汁（浆）、14.02.02 浓缩果蔬汁（浆）除外]	经过定量包装的、供直接饮用或按一定比例用水冲调或冲泡饮用的、乙醇含量不超过 0.5% 的饮品。也可为饮料浓浆或固体形态	β-阿朴-8′-胡萝卜素醛（0.010g/kg），ε-聚赖氨酸盐酸盐（0.20g/kg），阿力甜（0.1g/kg），安赛蜜（0.3g/kg），刺云实胶（2.5g/kg），淀粉磷酸酯钠（按生产需要适量使用），二氧化碳（按生产需要适量使用）（14.01 中仅 14.01.02 饮用纯净水、14.01.03 其他类饮用水除外），番茄红（0.006g/kg），番茄红素（0.015g/kg），富马酸一钠（按生产需要适量使用），甘草酸盐（按生产需要适量使用），海藻酸丙二醇酯（0.3g/kg），姜黄（按生产需要适量使用），聚甘油脂肪酸酯（10.0g/kg），聚葡萄糖（按生产需要适量使用），可溶性大豆多糖（10.0g/kg），亮蓝及其铝色淀（0.02g/kg），磷酸及磷酸盐（5.0g/kg），麦芽糖醇（按生产需要适量使用），麦芽糖醇液（按生产

序号	食品分类号	食品类别/名称	说明	允许使用的食品添加剂种类和最大剂量
305	14.0	饮料类 [14.01 包装饮用水、14.02.01 果蔬汁（浆）、14.02.02 浓缩果蔬汁（浆）除外]	经过定量包装的、供直接饮用或按一定比例用水冲调或冲泡饮用的、乙醇含量不超过 0.5% 的饮品。也可为饮料浓浆或固体形态	需要适量使用），柠檬黄及其铝色淀（0.1g/kg），葡萄皮红（2.5g/kg），乳酸链球菌素（0.2g/kg），三氯蔗糖（0.25g/kg），山梨酸及其钾盐（0.5g/kg），山梨糖醇（按生产需要适量使用），山梨糖醇液（按生产需要适量使用），索马甜（0.025g/kg），天门冬酰苯丙氨酸甲酯乙酰磺胺酸（0.68g/kg）（以即饮状态计，相应的固体饮料按稀释倍数增加使用量），甜菊糖苷（0.2g/kg），甜菊糖苷（酶转化法）（0.2g/kg），甜蜜素（0.65g/kg），吐温类（0.5g/kg）（14.06 固体饮料除外），辛、癸酸甘油酯（按生产需要适量使用），亚麻籽胶（5.0g/kg），胭脂虫红及其铝色淀（0.6g/kg），胭脂树橙（0.6g/kg），杨梅红（0.1g/kg），叶黄素（0.05g/kg），叶绿素铜钠盐（0.5g/kg），叶绿素铜钾盐（0.5g/kg），乙二胺四乙酸二钠（0.03g/kg），异构化乳糖（1.5g/kg），异麦芽酮糖（按生产需要适量使用），诱惑红及其铝色淀（0.1g/kg），皂荚糖胶（4.0g/kg），蔗糖脂肪酸酯（1.5g/kg）
306	14.01	包装饮用水	以地表水、地下水或公共供水系统的水为水源，加工后密封于包装容器中，可直接饮用的水	—
307	14.01.01	饮用天然矿泉水	从地下深处自然涌出的或经钻井采集的，含一定量的矿物质或二氧化碳等其他成分，加工后达到饮用水卫生标准的水。在通常情况下，其化学成分、流量、水温等动态指标在天然周期波动范围内相对稳定	—
308	14.01.02	饮用纯净水	以直接来源于地表、地下或公共供水系统的水为水源，经适当的水净化工艺制成的除水成分外不含任何其他成分的饮用水	不得使用任何品种添加剂
309	14.01.03	其他类饮用水（自然来源饮用水除外）	除饮用天然矿采水和饮用纯净水外的包装饮用水	硫酸镁（0.05g/L），硫酸锌（0.006g/L），氯化钙（0.1g/L）

序号	食品分类号	食品类别／名称	说明	允许使用的食品添加剂种类和最大剂量
310	14.02	果蔬汁类及其饮料	以水果和（或）蔬菜（包括可食的根、茎、叶、花、果实）等为原料，经加工或发酵制成的液体饮料	—
311	14.02.01	果蔬汁（浆）	以水果或蔬菜为原料，采用物理方法（机械方法、水浸提等）制成的汁液、浆液制品；或在浓缩果蔬汁（浆）中加水复原制成的汁液、浆液制品。例如原榨果汁（非复原果汁）、果汁（复原果汁）、蔬菜汁、果浆／蔬菜浆、复合果蔬汁（浆）等	二氧化硫及亚硫酸盐（0.05g/kg），果胶（3.0g/kg），抗坏血酸（1.5g/kg）
312	14.02.02	浓缩果蔬汁（浆）（仅限食品工业用）	以水果或蔬菜为原料，采用物理方法榨取果汁（浆）或蔬菜汁（浆）后除去一定量的水分制成的浓缩汁（浆）	苯甲酸及其钠盐（2.0g/kg），山梨酸及其钾盐（2.0g/kg）
313	14.02.03	果蔬汁（浆）类饮料	以果蔬汁（浆）、浓缩果蔬汁（浆）为原料，添加或不添加其他食品原辅料和（或）食品添加剂，加工制成的饮料。例如果蔬汁饮料、果肉（浆）饮料、复合果蔬汁饮料、果蔬汁饮料浓浆、发酵果蔬汁饮料、水果饮料等	L（+）-酒石酸（5.0g/kg），dl-酒石酸（5.0g/kg），β-胡萝卜素（2.0g/kg），β-环状糊精（0.5g/kg），ε-聚赖氨酸（0.2g/L），阿斯巴甜（0.6g/kg），氨基乙酸（1.0g/kg），苯甲酸及其钠盐（1.0g/kg），赤藓红及其铝色淀（0.05g/kg），靛蓝及其铝色淀（0.1g/kg），对羟基苯甲酸酯类及其钠盐（0.25g/kg），二甲基二碳酸盐（0.25g/kg），二氧化硫及亚硫酸盐（0.05g/kg），富马酸（0.6g/kg），海藻酸丙二醇酯（3.0g/kg），黑豆红（0.8g/kg），红花黄（0.2g/kg），红曲黄色素（按生产需要适量使用），红曲米（按生产需要适量使用），红曲红（按生产需要适量使用），琥珀酸单甘油酯（2.0g/kg），焦糖色（加氨生产）（按生产需要适量使用），焦糖色（普通法）（按生产需要适量使用），焦糖色（亚硫酸铵法）（按生产需要适量使用），

序号	食品分类号	食品类别／名称	说明	允许使用的食品添加剂种类和最大剂量
313	14.02.03	果蔬汁（浆）类饮料	以果蔬汁（浆）、浓缩果蔬汁（浆）为原料，添加或不添加其他食品原辅料和（或）食品添加剂，加工制成的饮料。例如果蔬汁饮料、果肉（浆）饮料、复合果蔬汁饮料、果蔬汁饮料浓浆、发酵果蔬汁饮料、水果饮料等	菊花黄浸膏（0.3g/kg），辣椒红（按生产需要适量使用），蓝锭果红（1.0g/kg），亮蓝及其铝色淀（0.025g/kg），罗望子多糖（3.0g/kg），萝卜红（按生产需要适量使用），玫瑰茄红（按生产需要适量使用），纽甜（0.033g/kg），普鲁兰多糖（3.0g/kg），氢化松香甘油酯（0.1g/kg），日落黄及其铝色淀（0.1g/kg），三赞胶（1.4g/kg），桑椹红（1.5g/kg），双乙酰酒石酸单双甘油酯（5.0g/kg），司盘类（3.0g/kg），天然苋菜红（0.25g/kg），吐温类（0.75g/kg），维生素E（0.2g/kg），苋菜红及其铝色淀（0.05g/kg），新红及其铝色淀（0.05g/kg），胭脂红及其铝色淀（0.05g/kg），叶绿素铜钠盐（按生产需要适量使用），叶绿素铜钾盐（按生产需要适量使用），越橘红（按生产需要适量使用）（相应的固体饮料也可使用），藻蓝（0.8g/kg），皂树皮提取物（0.05g/kg），栀子黄（0.3g/kg），栀子蓝（0.5g/kg），植酸（0.2g/kg），竹叶抗氧化物（0.5g/kg），紫草红（0.1g/kg），紫甘薯色素（0.1g/kg），紫胶红（0.5g/kg）
314	14.03	蛋白饮料	以乳或乳制品，或含有一定蛋白质的植物果实、种子或种仁等为原料，添加或不添加其他食品原辅料和（或）食品添加剂，经加工或发酵制成的液体饮料	β-胡萝卜素（2.0g/kg），阿斯巴甜（0.6g/kg），苯甲酸及其钠盐（1.0g/kg），氮气（按生产需要适量使用），红曲黄色素（按生产需要适量使用），红曲米（按生产需要适量使用），红曲红（按生产需要适量使用），琥珀酸单甘油酯（2.0g/kg），辣椒红（按生产需要适量使用），双乙酰酒石酸单双甘油酯（5.0g/kg），维生素E（0.2g/kg），硬脂酰乳酸钠（2.0g/kg），硬脂酰乳酸钙（2.0g/kg），皂树皮提取物（0.05g/kg），栀子蓝（0.5g/kg）
315	14.03.01	含乳饮料	以乳或乳制品为原料，添加或不添加其他食品原辅料和（或）食品添加剂，经加工或发酵制成的制品。如配制型含乳饮料、发酵型含乳饮料、乳酸菌饮料等	海藻酸丙二醇酯（4.0g/kg），红米红（按生产需要适量使用），琥珀酸单甘油酯（5.0g/kg），焦糖色（加氨生产）（2.0g/kg），焦糖色（普通法）（按生产需要适量使用），焦糖色（亚硫酸铵法）（2.0g/kg），亮蓝及其铝色淀（0.025g/kg），纽甜（0.02g/kg），日落黄及其铝色淀（0.05g/kg），吐温类（2.0g/kg），胭脂红及其铝色淀（0.05g/kg）

序号	食品分类号	食品类别／名称	说明	允许使用的食品添加剂种类和最大剂量
316	14.03.01.01	发酵型含乳饮料	以乳或乳制品为原料，经乳酸菌等益生菌发酵后，添加或不添加其他食品原辅料和食品添加剂，经加工制成的饮料（乳或乳制品含量较高）。根据其是否经过杀菌处理而区分为杀菌（非活菌）型和未杀菌（活菌）型	—
317	14.03.01.02	配制型含乳饮料	以乳或乳制品为原料，加入水，添加或不添加其他食品原辅料和食品添加剂，经加工制成的饮料	—
318	14.03.01.03	乳酸菌饮料	以乳或乳制品为原料，经乳酸菌发酵，添加或不添加其他食品原辅料和食品添加剂，经加工制成的饮料（乳或乳制品含量较低）。根据其是否经过杀菌处理而区分为杀菌（非活菌）型和未杀菌（活菌）型	甲壳素（2.5g/kg），决明胶（2.5g/kg），日落黄及其铝色淀（0.1g/kg），山梨酸及其钾盐（1.0g/kg）
319	14.03.02	植物蛋白饮料	以一种或多种含有一定蛋白质的植物果实、种子或种仁等为原料，添加或不添加其他食品原辅料和（或）食品添加剂，经加工或发酵制成的制品。以两种或两种以上植物蛋白质原料加工或发酵制成的，可称复合植物蛋白饮料，如花生核桃、核桃杏仁、花生杏仁复合植物蛋白饮料	L（+）-酒石酸（5.0g/kg），dl-酒石酸（5.0g/kg），β-环状糊精（0.5g/kg），氨基乙酸（1.0g/kg），茶多酚（0.1g/kg），茶黄素（0.1g/kg），海藻酸丙二醇酯（5.0g/kg），可得然胶（按生产需要适量使用），可可壳色（0.25g/kg），迷迭香提取物（0.15g/kg），纽甜（0.033g/kg），日落黄及其铝色淀（0.1g/kg），三赞胶（1.3g/kg），司盘类（6.0g/kg），田菁胶（1.0g/kg），吐温类（2.0g/kg），胭脂红及其铝色淀（0.025g/kg）
320	14.03.03	复合蛋白饮料	以乳或乳制品，与一种或多种富含蛋白质的植物果实、种子或种仁等为原料，添加或不添加其他食品原辅料和（或）食品添加剂，经加工或发酵制成的制品	L（+）-酒石酸（5.0g/kg），dl-酒石酸（5.0g/kg），β-环状糊精（0.5g/kg），纽甜（0.033g/kg），三赞胶（0.75g/kg）

序号	食品分类号	食品类别／名称	说明	允许使用的食品添加剂种类和最大剂量
321	14.03.04	其他蛋白饮料	以上三类（14.03.01～14.03.03）未包括的蛋白饮料	β-环状糊精（0.5g/kg），焦糖色（普通法）（按生产需要适量使用）
322	14.04	碳酸饮料	通过加压充气，使成品含二氧化碳的液体饮料。例如果汁型碳酸饮料、可乐型碳酸饮料等，不包括由发酵自身产生二氧化碳的饮料	L（+）-酒石酸（5.0g/kg），dl-酒石酸（5.0g/kg），β-胡萝卜素（2.0g/kg），β-环状糊精（0.5g/kg），阿斯巴甜（0.6g/kg），爱德万甜（0.006g/kg），苯甲酸及其钠盐（0.2g/kg），茶黄素（0.2g/kg），赤藓红及其铝色淀（0.05g/kg），靛蓝及其铝色淀（0.1g/kg），对羟基苯甲酸酯类及其钠盐（0.2g/kg），二甲基二碳酸盐（0.25g/kg），富马酸（0.3g/kg），黑加仑红（0.3g/kg），红花黄（0.2g/kg），红曲黄色素（按生产需要适量使用），红曲米（按生产需要适量使用），红曲红（按生产需要适量使用），花生衣红（0.1g/kg），姜黄素（0.01g/kg），焦糖色（亚硫酸铵法）（按生产需要适量使用），金樱子棕（1.0g/kg），可可壳色（2.0g/kg），亮蓝及其铝色淀（0.025g/kg），纽甜（0.033g/kg），日落黄及其铝色淀（0.1g/kg），双乙酰酒石酸单双甘油酯（5.0g/kg），天然苋菜红（0.25g/kg），苋菜红及其铝色淀（0.05g/kg），新红及其铝色淀（0.05g/kg），胭脂红及其铝色淀（0.05g/kg），液体二氧化碳（煤气化法）（按生产需要适量使用），皂树皮提取物（0.05g/kg），紫胶红（0.5g/kg）
323	14.04.01	可乐型碳酸饮料	以可乐香精或类似可乐果香型的香精为主要香气成分的碳酸饮料	咖啡因（0.15g/kg），橡子壳棕（1.0g/kg）
324	14.04.02	其他型碳酸饮料	除可乐型以外的其他碳酸饮料。包括果汁型碳酸饮料、果味型碳酸饮料和其他碳酸饮料等	维生素E（0.2g/kg）
325	14.05	茶、咖啡、植物（类）饮料	包括茶（类）饮料、咖啡（类）饮料和植物饮料	L（+）-酒石酸（5.0g/kg），dl-酒石酸（0.5g/kg），阿斯巴甜（0.6g/kg），爱德万甜（0.003g/kg），苯甲酸及其钠盐（1.0g/kg），氮气（按生产需要适量使用），琥珀酸单甘油酯（2.0g/kg），纽甜（0.05g/kg），双乙酰酒石酸单双甘油酯（5.0g/kg），维生素E（0.2g/kg），硬脂酰乳酸钠（2.0g/kg），硬脂酰乳酸钙（2.0g/kg）

序号	食品分类号	食品类别 / 名称	说明	允许使用的食品添加剂种类和最大剂量
326	14.05.01	茶（类）饮料	以茶叶、茶叶的水提取液、浓缩液、茶粉（包括速溶茶粉、研磨茶粉），或直接以茶的鲜叶为原料，添加或不添加食品原辅料和（或）食品添加剂，经加工制成的液体饮料。例如原茶汁、茶饮料、果汁茶饮料、奶茶饮料、复（混）合茶饮料、其他茶饮料等	β-胡萝卜素（2.0g/kg），安赛蜜（0.58g/kg），二甲基二碳酸盐（0.25g/kg），焦糖色（亚硫酸铵法）（10.0g/kg），抗坏血酸棕榈酸酯（0.2g/kg），抗坏血酸棕榈酸酯（酶法）（0.2g/kg），竹叶抗氧化物（0.5g/kg）
327	14.05.02	咖啡（类）饮料	以咖啡豆和（或）咖啡制品（研磨咖啡粉、咖啡的提取液或其浓缩液、速溶咖啡等）为原料，添加或不添加糖、乳和（或）乳制品、植脂末等食品原辅料和（或）食品添加剂，经加工制成的液体饮料，如浓咖啡饮料、低咖啡因浓咖啡饮料等	β-胡萝卜素（2.0g/kg），海藻酸丙二醇酯（3.0g/kg），焦糖色（亚硫酸铵法）（0.1g/kg）
328	14.05.03	植物饮料	以植物或植物提取物为原料，添加或不添加其他食品原辅料和（或）食品添加剂，经加工或发酵制成的液体饮料。如可可饮料、谷物类饮料、草本（本草）饮料、食用菌饮料、藻类饮料、其他植物饮料等。不包括果蔬汁类及其饮料、茶（类）饮料和咖啡（类）饮料	β-胡萝卜素（1.0g/kg），焦糖色（亚硫酸铵法）（0.1g/kg），纽甜（0.02g/kg）

序号	食品分类号	食品类别/名称	说明	允许使用的食品添加剂种类和最大剂量
329	14.06	固体饮料	用食品原辅料、食品添加剂等加工制成的粉末状、颗粒状或块状等，供冲调或冲泡饮用的固态制品，如风味固体饮料、果蔬固体饮料、蛋白固体饮料、茶固体饮料、咖啡固体饮料、植物固体饮料、特殊用途固体饮料、其他固体饮料等	爱德万甜（0.004g/kg），茶黄素（0.8g/kg），二氧化硅（15.0g/kg），二氧化钛（按生产需要适量使用），硅酸钙（按生产需要适量使用），红曲黄色素（按生产需要适量使用），红曲米（按生产需要适量使用），红曲红（按生产需要适量使用），琥珀酸单甘油酯（20.0g/kg），己二酸（0.01g/kg），焦糖色（亚硫酸铵法）（按生产需要适量使用），亮蓝及其铝色淀（0.2g/kg），磷酸化二淀粉磷酸酯（0.5g/kg），日落黄及其铝色淀（0.6g/kg），乳酸钙（21.6g/kg），司盘类（3.0g/kg）（速溶咖啡除外），碳酸镁（10.0g/kg），苋菜红及其铝色淀（0.05g/kg），栀子黄（1.5g/kg），栀子蓝（0.5g/kg）
330	14.06.01	—	—	—
331	14.06.02	蛋白固体饮料	以乳和（或）乳制品，或含有一定蛋白质含量的植物果实、种子或果仁或其制品等为原料，添加或不添加其他食品原辅料和食品添加剂，经加工制成的固体饮料	茶多酚（0.8g/kg），普鲁兰多糖（50.0g/kg），维生素E（0.2g/kg）
332	14.06.03	速溶咖啡	以咖啡豆和（或）咖啡制品（研磨咖啡粉、咖啡的提取液或其浓缩液）为原料，不添加其他食品原辅料，可添加食品添加剂，经加工制成的固体饮料	可得然胶（按生产需要适量使用），司盘类（10.0g/kg）
333	14.06.04	其他固体饮料	蛋白固体饮料和速溶咖啡之外的固体饮料，包括风味固体饮料、果蔬固体饮料、茶固体饮料、咖啡固体饮料、植物固体饮料、特殊用途固体饮料，以及上述以外的固体饮料	可得然胶（按生产需要适量使用）
334	14.07	特殊用途饮料	加入具有特定成分的适应所有或某些人群需要的液体饮料。如	L（+）-酒石酸（5.0g/kg），dl-酒石酸（5.0g/kg），β-胡萝卜素（2.0g/kg），β-环状糊精（0.5g/kg），阿斯巴甜（0.6g/kg），苯甲酸及

序号	食品分类号	食品类别／名称	说明	允许使用的食品添加剂种类和最大剂量
334	14.07	特殊用途饮料	营养素饮料（维生素饮料等）、能量饮料、电解质饮料、其他特殊用途饮料	其钠盐（0.2g/kg），茶黄素（0.2g/kg），二甲基二碳酸盐（0.25g/kg），纽甜（0.033g/kg），日落黄及其铝色淀（0.1g/kg），双乙酰酒石酸单双甘油酯（5.0g/kg），维生素 E（0.2g/kg），硬脂酰乳酸钠（2.0g/kg），硬脂酰乳酸钙（2.0g/kg），皂树皮提取物（0.05g/kg）
335	14.08	风味饮料	以糖和（或）甜味剂、酸度调节剂、食用香精（料）等的一种或者多种作为调整风味的主要手段，经加工或发酵制成的液体饮料，如茶味饮料、果味饮料、乳味饮料、咖啡味饮料、风味水饮料、其他风味饮料等。其中，风味水饮料是指不经调色处理、不添加糖（包括食糖和淀粉糖）的风味饮料，如苏打水饮料、薄荷水饮料、玫瑰水饮料等	L（＋）-酒石酸（5.0g/kg），dl-酒石酸（5.0g/kg），β-胡萝卜素（2.0g/kg），β-环状糊精（0.5g/kg），阿斯巴甜（0.6g/kg），苯甲酸及其钠盐（1.0g/kg），茶黄素（0.2g/kg），赤藓红及其铝色淀（0.05g/kg）（仅限果味饮料），靛蓝及其铝色淀（0.1g/kg）（仅限果味饮料），对羟基苯甲酸酯类及其钠盐（0.25g/kg）（仅限果味饮料），二甲基二碳酸盐（0.25g/kg），黑豆红（0.8g/kg）（仅限果味饮料），红花黄（0.2g/kg）（仅限果味饮料），红曲黄色素（按生产需要适量使用），红曲米（按生产需要适量使用），红曲红（按生产需要适量使用）（仅限果味饮料），焦糖色（加氨生产）（5.0g/kg）（仅限果味饮料），焦糖色（普通法）（按生产需要适量使用）（仅限果味饮料），焦糖色（亚硫酸铵法）（按生产需要适量使用）（仅限果味饮料），菊花黄浸膏（0.3g/kg）（仅限果味饮料），蓝锭果红（1.0g/kg），亮蓝及其铝色淀（0.025g/kg）（仅限果味饮料），萝卜红（按生产需要适量使用）（仅限果味饮料），玫瑰茄红（按生产需要适量使用）（仅限果味饮料），纽甜（0.033g/kg），氢化松香甘油酯（0.1g/kg）（仅限果味饮料），日落黄及其铝色淀（0.1g/kg），三赞胶（0.5g/kg），桑椹红（1.5g/kg），双乙酰酒石酸单双甘油酯（5.0g/kg），司盘类（0.5g/kg）（仅限果味饮料），天然苋菜红（0.25g/kg）（仅限果味饮料），维生素 E（0.2g/kg），苋菜红及其铝色淀（0.05g/kg）（仅限果味饮料），新红及其铝色淀（0.05g/kg）（仅限果味饮料），胭脂红及其铝色淀（0.05g/kg）（仅限果味饮料），硬脂酰乳酸钠（2.0g/kg），硬脂酰乳酸钙（2.0g/kg），越橘红（按生产需要适量使用）（仅限果味饮料）（相应的固体饮料也可使用），藻蓝（0.8g/kg），皂树皮提取物（0.05g/kg），栀子黄（0.3g/kg）（仅限果味饮料），栀子蓝（0.2g/kg）（仅限果味饮料），紫草红（0.1g/kg）（仅限果味饮料），紫胶红（0.5g/kg）（仅限果味饮料）

序号	食品分类号	食品类别 / 名称	说明	允许使用的食品添加剂种类和最大剂量
336	14.09	其他类饮料	以上各类（14.01～14.08）未包括的饮料	茶黄素（0.2g/kg），二甲基二碳酸盐（0.25g/kg）（仅限麦芽汁发酵的非酒精饮料）
337	15.0	酒类	酒精度在 0.5% 以上的酒精饮料，包括蒸馏酒、配制酒、发酵酒	—
338	15.01	蒸馏酒	以粮谷、薯类、水果、乳类为主要原料，经发酵、蒸馏、勾兑而成的饮料酒。包括白酒、调香蒸馏酒、白兰地、威士忌、伏特加、朗姆酒及其他蒸馏酒	—
339	15.01.01	白酒	以粮谷为主要原料，用大曲或麸曲及酒母等为发酵剂，经蒸煮、糖化、发酵、蒸馏而制成的蒸馏酒	不得使用任何品种添加剂
340	15.01.02	调香蒸馏酒	以蒸馏酒为酒基，经调香而成的配制酒。2022 年 6 月 1 日，《白酒工业术语》（GB/T 15109—2021）及《饮料酒术语和分类》（GB/T 17204—2021）国家标准正式实施，调香白酒被重新定义为配制酒	—
341	15.01.03	白兰地	以新鲜水果或果汁为原料，经发酵、蒸馏、陈酿、调配而成的蒸馏酒。以葡萄以外水果为原料的产品冠以水果名称	焦糖色（加氨生产）(50.0g/L)，焦糖色（苛性硫酸盐法）(6.0g/L)，焦糖色（普通法）（按生产需要适量使用），焦糖色（亚硫酸铵法）(50.0g/L)

序号	食品分类号	食品类别/名称	说明	允许使用的食品添加剂种类和最大剂量
342	15.01.04	威士忌	以麦芽、谷物为原料，经糖化、发酵、蒸馏、陈酿、调配或不调配而成的蒸馏酒。麦芽威士忌需在橡木桶中至少陈酿2年。谷物威士忌不强制要求在橡木桶中陈酿	焦糖色（加氨生产）（6.0g/L），焦糖色（苛性硫酸盐法）（6.0g/L），焦糖色（普通法）（6.0g/L），焦糖色（亚硫酸铵法）（6.0g/L）
343	15.01.05	伏特加	以谷物、薯类、糖蜜以及其他可食用农作物等为原料，经发酵、蒸馏制成食用酒精，再经过特殊工艺精制加工制成的蒸馏酒。伏特加是不含酒香物质的纯酒精酒类	—
344	15.01.06	朗姆酒	以甘蔗汁、甘蔗糖蜜、甘蔗糖浆等甘蔗制品为原料，经发酵、蒸馏、陈酿、调配而成的蒸馏酒	焦糖色（加氨生产）（6.0g/L），焦糖色（苛性硫酸盐法）（6.0g/L），焦糖色（普通法）（6.0g/L），焦糖色（亚硫酸铵法）（6.0g/L）
345	15.01.07	其他蒸馏酒（仅限龙舌兰酒）	以上各类（15.01.01～15.01.06）未包括的蒸馏酒	焦糖色（加氨生产）（1.0g/L），焦糖色（普通法）（1.0g/L），焦糖色（亚硫酸铵法）（1.0g/L）
346	15.02	配制酒	以发酵酒、蒸馏酒或食用酒精为酒基，加入可食用或药食两用的辅料和/或食品添加剂，进行调配和/或再加工制成的、已改变了原酒基风格的饮料酒	安赛蜜（0.35g/kg），苯甲酸及其钠盐（0.4g/kg），赤藓红及其铝色淀（0.05g/kg），靛蓝及其铝色淀（0.1g/kg），二氧化硫及亚硫酸盐（0.25g/L），二氧化碳（按生产需要适量使用），黑豆红（0.8g/kg），红花黄（0.2g/kg），红米红（按生产需要适量使用），红曲黄色素（按生产需要适量使用），红曲米（按生产需要适量使用），红曲红（按生产需要适量使用），甜蜜素（0.65g/kg），姜黄（按生产需要适量使用），焦糖色（加氨生产）（50.0g/L），焦糖色（苛性硫酸盐法）（6.0g/L），焦糖色（普通法）（按生产需要适量使用），焦糖色（亚硫酸铵法）（50.0g/L），金樱子棕（0.2g/kg），可可壳色（1.0g/kg），可溶性大豆多糖（5.0g/kg），喹啉黄及其铝色淀（0.1g/kg），亮蓝及其铝色淀（0.025g/kg），磷酸及磷酸盐（5.0g/kg），萝卜红（按生产需要适量使用），玫瑰茄红（按生产需要适量使用），柠檬黄及其铝色淀（0.1g/kg），葡萄皮红（1.0g/kg），日落黄及其铝色淀

序号	食品分类号	食品类别／名称	说明	允许使用的食品添加剂种类和最大剂量
346	15.02	配制酒	以发酵酒、蒸馏酒或食用酒精为酒基，加入可食用或药食两用的辅料和／或食品添加剂，进行调配和／或再加工制成的、已改变了原酒基风格的饮料酒	（0.1g/kg），三氯蔗糖（0.25g/kg），山梨酸及其钾盐（0.4g/kg），山梨酸及其钾盐（0.6g/L）（仅限青稞干酒），糖精钠（0.15g/kg），天然苋菜红（0.25g/kg），甜菊糖苷（0.21g/kg），甜菊糖苷（酶转化法）（0.21g/kg），苋菜红及其铝色淀（0.05g/kg），橡子壳棕（0.3g/kg），新红及其铝色淀（0.05g/kg），胭脂虫红及其铝色淀（0.25g/kg），胭脂红及其铝色淀（0.05g/kg），杨梅红（0.2g/kg）（仅限配制果酒），叶绿素铜钠盐（0.5g/kg），叶绿素铜钾盐（0.5g/kg），异麦芽酮糖（按生产需要适量使用），诱惑红及其铝色淀（0.05g/kg）（仅限使用诱惑红），栀子黄（0.3g/kg），栀子蓝（0.2g/kg），紫甘薯色素（0.2g/kg），紫胶红（0.5g/kg）
347	15.03	发酵酒（15.03.01 葡萄酒除外）	以粮谷、水果、乳类等为主要原料，经发酵或部分发酵酿制而成的饮料酒。包括葡萄酒、黄酒、果酒、蜂蜜酒、啤酒和麦芽饮料及其他发酵酒类（充气型）	β-胡萝卜素（0.6g/kg），纳他霉素（0.01g/L），纽甜（0.033g/kg），溶菌酶（0.5g/kg），三氯蔗糖（0.65g/kg），双乙酰酒石酸单双甘油酯（10.0g/kg）
348	15.03.01	葡萄酒	以新鲜葡萄或葡萄汁为原料，经发酵酿制而成的、含有一定酒精度的发酵酒	D-异抗坏血酸及其钠盐（0.15g/kg），L（＋）-酒石酸（4.0g/kg），dl-酒石酸（4.0g/L），二氧化硫及亚硫酸盐（0.25g/L）（甜型葡萄酒最大使用量为 0.4g/L），聚天冬氨酸钾（0.3g/L），山梨酸及其钾盐（0.2g/kg）
349	15.03.01.01	无汽葡萄酒	专业术语为平静葡萄酒。在 20℃ 时，二氧化碳压力＜0.05MPa 的葡萄酒	—
350	15.03.01.02	起泡葡萄酒	在 20℃ 时，二氧化碳（由发酵产生）压力≥0.35MPa。瓶子容量＜250mL 时压力≥0.3MPa	—
351	15.03.01.03	调香葡萄酒	专业术语为加香葡萄酒。以葡萄酒为酒基，经浸泡芳香植物或加入芳香植物的提取物制成的，具有芳香植物特征的葡萄酒	焦糖色（加氨生产）（50.0g/L），焦糖色（普通法）（按生产需要适量使用），焦糖色（亚硫酸铵法）（50.0g/L）

序号	食品分类号	食品类别／名称	说明	允许使用的食品添加剂种类和最大剂量
352	15.03.01.04	特种葡萄酒（按特殊工艺加工制作的葡萄酒，如在葡萄原酒中加入白兰地，浓缩葡萄汁等）	—	—
353	15.03.02	黄酒	以稻米、黍米、小米、玉米、小麦等为主要原料，经蒸煮、加小曲、酵母等糖化、发酵、压榨、过滤、煎酒（除菌）、陈酿、勾调制成的发酵酒	焦糖色（加氨生产）（30.0g/L），焦糖色（普通法）（按生产需要适量使用），焦糖色（亚硫酸铵法）（30.0g/L）
354	15.03.03	果酒	以新鲜水果或果汁为原料，经发酵酿制而成，含一定酒精度的发酵酒	苯甲酸及其钠盐（0.8g/kg），二氧化硫及亚硫酸盐（0.25g/L）（甜型果酒最大使用量为0.4g/L），黑加仑红（按生产需要适量使用），桑椹红（1.5g/kg），山梨酸及其钾盐（0.6g/kg），双乙酰酒石酸单双甘油酯（5.0g/kg），紫草红（0.1g/kg）
355	15.03.04	蜂蜜酒	以蜂蜜为原料，经发酵酿制而成，含一定酒精度的发酵酒	—
356	15.03.05	啤酒和麦芽饮料	以麦芽、水为主要原料，加啤酒花（包括酒花制品），经酵母发酵酿制而成的、含有二氧化碳并可形成泡沫的发酵酒（注：包括酒精度低于0.5%的无醇啤酒）	二氧化硫及亚硫酸盐（0.01g/kg），海藻酸丙二醇酯（0.3g/kg），甲壳素（0.4g/kg），焦糖色（加氨生产）（50.0g/L），焦糖色（普通法）（按生产需要适量使用），焦糖色（亚硫酸铵法）（50.0g/L）
357	15.03.06	其他发酵酒类（充气型）	以上各类（15.03.01～15.03.05）未包括的发酵酒	二氧化碳（按生产需要适量使用），液体二氧化碳（煤气化法）（按生产需要适量使用）
358	16.0	其他类（01.0～15.0类除外）	—	—

序号	食品分类号	食品类别／名称	说明	允许使用的食品添加剂种类和最大剂量
359	16.01	果冻	以食用胶和食糖和（或）甜味剂等为原料，经蒸胶、调配、灌装、杀菌等工序加工而成的胶冻食品	β-胡萝卜素（1.0g/kg），阿力甜（0.1g/kg），阿斯巴甜（1.0g/kg），爱德万甜（0.0004g/kg），安赛蜜（0.3g/kg），茶黄素（0.2g/kg），刺云实胶（5.0g/kg），二氧化钛（10.0g/kg），番茄红素（0.05g/kg），红花黄（0.2g/kg），红曲黄色素（按生产需要适量使用），红曲米（按生产需要适量使用），红曲红（按生产需要适量使用），己二酸（0.1g/kg），姜黄（按生产需要适量使用），姜黄素（0.01g/kg），焦糖色（加氨生产）（50.0g/kg），焦糖色（普通法）（按生产需要适量使用），聚甘油脂肪酸酯（10.0g/kg），聚葡萄糖（按生产需要适量使用），可得然胶（按生产需要适量使用），辣椒红（按生产需要适量使用），亮蓝及其铝色淀（0.025g/kg），磷酸及磷酸盐（5.0g/kg），硫酸钙（10.0g/kg），罗望子多糖胶（2.0g/kg），萝卜红（按生产需要适量使用），麦芽糖醇（按生产需要适量使用），麦芽糖醇液（按生产需要适量使用），柠檬黄及其铝色淀（0.05g/kg），纽甜（0.1g/kg），日落黄及其铝色淀（0.025g/kg），乳酸钙（6.0g/kg），三氯蔗糖（0.45g/kg），桑椹红（5.0g/kg），山梨酸及其钾盐（0.5g/kg），双乙酰酒石酸单双甘油酯（2.5g/kg），天然苋菜红（0.25g/kg），甜菊糖苷（0.5g/kg），甜菊糖苷（酶转化法）（0.5g/kg），甜蜜素（0.65g/kg），苋菜红及其铝色淀（0.05g/kg），胭脂虫红及其铝色淀（0.05g/kg），胭脂红及其铝色淀（0.05g/kg），胭脂树橙（0.6g/kg），杨梅红（0.2g/kg），叶黄素（0.05g/kg），叶绿素铜钠盐（0.5g/kg），叶绿素铜钾盐（0.5g/kg），诱惑红及其铝色淀（0.025g/kg），藻蓝（0.8g/kg），蔗糖脂肪酸酯（4.0g/kg），栀子黄（0.3g/kg）
360	16.02	茶叶、咖啡和茶制品	包括茶叶、咖啡以及含茶制品	—
361	16.02.01	茶叶、咖啡	茶叶：以茶树鲜叶为原料经加工制成的，含有咖啡碱、茶多酚、茶氨酸等物质的产品。咖啡：以经过烘焙的咖啡豆加工制作的产品。咖啡豆是咖啡属植物果实里面的果仁	不得使用任何品种添加剂

序号	食品分类号	食品类别/名称	说明	允许使用的食品添加剂种类和最大剂量
362	16.02.02	茶制品（包括调味茶和代用茶）	茶制品是含茶制品，包括调味茶和代用茶。调味茶是以茶叶为原料，配以各种可食用物质或食品用香料等制成的调味茶。代用茶是指选用可食用植物的叶、花、果（实）、根茎等为原料加工制作的、采用类似茶叶冲泡（浸泡）方式供人们饮用的产品	茶黄素（0.2g/kg），甜菊糖苷（10.0g/kg），甜菊糖苷（酶转化法）（10.0g/kg）
363	16.03	胶原蛋白肠衣	以猪皮、牛真皮层的胶原蛋白纤维为原料制成的、用于制备中西式灌肠的蛋白肠衣	二氧化钛（按生产需要适量使用），聚氧乙烯（20）山梨醇酐单油酸酯（又名吐温80）（0.5g/kg），可得然胶（按生产需要适量使用），山梨酸及其钾盐（0.5g/kg），纤维素（按生产需要适量使用），胭脂虫红及其色淀（按生产需要适量使用），胭脂红及其铝色淀（0.025g/kg），胭脂树橙（按生产需要适量使用），诱惑红及其铝色淀（0.05g/kg），植物炭黑（按生产需要适量使用），紫胶（按生产需要适量使用）
364	16.04	酵母及酵母类制品	以酵母菌种为主体，经培养制成的可用于食品工业的菌体及其制品	硅酸钙（按生产需要适量使用）
365	16.04.01	干酵母	经过分离、干燥等工序制成的酵母产品	司盘类（10.0g/kg）
366	16.04.02	其他酵母及酵母类制品	除干酵母以外的其他酵母产品及以酵母为原料，经水解、提纯、干燥等工艺制成的酵母类制品	—
367	16.05	食品加工用菌种制剂（16.04 除外）	除酵母菌以外的其他用于食品发酵的菌种，如乳酸菌类、醋酸菌类等	可得然胶（按生产需要适量使用）

序号	食品分类号	食品类别／名称	说明	允许使用的食品添加剂种类和最大剂量
368	16.06	膨化食品	以谷类、薯类、豆类、果蔬类或坚果籽类等为主要原料，采用膨化工艺制成的组织疏松或松脆的食品	β 胡萝卜素（0.1g/kg），β 环状糊精（0.5g/kg），阿斯巴甜（0.5g/kg），丙二醇脂肪酸酯（2.0g/kg），茶多酚（0.2g/kg），茶黄素（0.2g/kg），赤藓红及其铝色淀（0.025g/kg）（仅限使用赤藓红），靛蓝及其铝色淀（0.05g/kg）（仅限使用靛蓝），丁基羟基茴香醚（0.2g/kg），二丁基羟基甲苯（0.2g/kg），二氧化钛（10.0g/kg），甘草抗氧化物（0.2g/kg），红花黄（0.5g/kg），红曲米（按生产需要适量使用），红曲红（按生产需要适量使用），姜黄（0.2g/kg），姜黄素（按生产需要适量使用），焦糖色（普通法）（2.5g/kg），聚甘油脂肪酸酯（10.0g/kg），辣椒红（按生产需要适量使用），辣椒油树脂（1.0g/kg），亮蓝及其铝色淀（0.05g/kg）（仅限使用亮蓝），磷酸及磷酸盐（2.0g/kg），硫代二丙酸二月桂酯（0.2g/kg），没食子酸丙酯（0.1g/kg），迷迭香提取物（0.3g/kg），柠檬黄及其铝色淀（0.1g/kg）（仅限使用柠檬黄），纽甜（0.032g/kg），日落黄及其铝色淀（0.1g/kg）（仅限使用日落黄），乳酸钙（1.0g/kg），山梨糖醇（按生产需要适量使用），山梨糖醇液（按生产需要适量使用），双乙酸钠（1.0g/kg），双乙酰酒石酸单双甘油酯（20.0g/kg），特丁基对苯二酚（0.2g/kg），甜菊糖苷（0.17g/kg），甜菊糖苷（酶转化法）（0.17g/kg），甜蜜素（0.2g/kg），维生素 E（0.2g/kg），胭脂虫红及其铝色淀（0.1g/kg）（仅限使用胭脂虫红），胭脂红及其铝色淀（0.05g/kg）（仅限使用胭脂红），胭脂树橙（0.01g/kg），乙酸钠（1.0g/kg），诱惑红及其铝色淀（0.1g/kg）（仅限使用诱惑红），栀子黄（0.3g/kg），栀子蓝（0.5g/kg），植物炭黑（5.0g/kg），竹叶抗氧化物（0.5g/kg）
369	16.07	其他	以上各类（16.01～16.06）未包括的其他食品	二氧化钛（2.5g/kg）（仅限魔芋凝胶制品），可得然胶（按生产需要适量使用）[仅限魔芋凝胶制品和人造海鲜产品（如人造鲍鱼、人造海参、人造海鲜贝类等）]，辣椒红（按生产需要适量使用）（仅限魔芋凝胶制品），辣椒油树脂（按生产需要适量使用）（仅限魔芋凝胶制品），硫磺（0.9g/kg）（只限用于熏蒸）（仅限魔芋粉），氯化钙（0.5g/kg）（仅限畜禽血制品），普鲁兰多糖（按生产需要适量使用）（仅限膜片），甜蜜素（1.0g/kg）（仅限魔芋凝胶制品），蔗糖脂肪酸酯（5.0g/kg）（仅限即食菜肴）

序号	食品分类号	食品名称
1	01.01.01	巴氏杀菌乳
2	01.01.02	灭菌乳和高温杀菌乳
3	01.02.01	发酵乳
4	01.03.01	乳粉和奶油粉
5	01.05.01	稀奶油
6	02.01.01 .01	植物油
7	02.01.01.02	氢化植物油
8	02.01.02	动物油脂（包括猪油、牛油、鱼油和其他动物脂肪等）
9	02.01.03	无水黄油、无水乳脂
10	02.02.01.01	黄油和浓缩黄油
11	04.01.01.01	未经加工的鲜水果
12	04.01.01.02	经表面处理的鲜水果
13	04.01.01.03	去皮或鲜切的鲜水果
14	04.02.01.01	未经加工的鲜蔬菜
15	04.02.01.02	经表面处理的新鲜蔬菜
16	04.02.01.03	去皮、切块或切丝的蔬菜
17	04.02.01.04	芽菜类
18	04.02.02.01	冷冻蔬菜
19	04.02.02.06	发酵蔬菜制品
20	04.03.01.01	未经加工鲜食用菌和藻类
21	04.03.01.02	经表面处理的鲜食用菌和藻类

序号	食品分类号	食品名称
22	04.03.01.03	去皮、切块或切丝的食用菌和藻类
23	04.03.02.01	冷冻食用菌和藻类
24	06.01	原粮
25	06.02.01	大米
26	06.02.02	大米制品
27	06.02.03	米粉（包括汤圆粉等）
28	06.02.04	米粉制品
29	06.03.01.01	通用小麦粉
30	06.03.01.02	专用小麦粉（如自发粉、饺子粉等）
31	06.03.02.01	生湿面制品（面条、饺子皮、馄饨皮、烧麦皮）
32	06.03.02.02	生干面制品
33	06.04.01	杂粮粉
34	08.01.01	生鲜肉
35	08.01.02	冷却肉、冰鲜肉
36	08.01.03	冻肉
37	09.01	鲜水产
38	09.03.01	醋渍或肉冻状水产品
39	09.03.02	腌制水产品
40	09.03.03	鱼子制品
41	09.03.04	风干、烘干、压干等水产品
42	09.03.05	其他预制水产品（如鱼肉饺皮）

序号	食品分类号	食品名称
43	10.01	鲜蛋
44	10.03.01	脱水蛋制品（如蛋白粉、蛋黄粉、蛋白片）
45	10.03.03	蛋液与液态蛋
46	11.01.01	白砂糖及白砂糖制品、绵白糖、红糖、冰片糖
47	11.01.02	赤砂糖、原糖、其他糖和糖浆
48	11.03.01	蜂蜜
49	12.01	盐及代盐制品
50	12.09.01	香辛料及粉
51	12.09.02	香辛料油
52	12.09.03	香辛料酱（如芥末酱、青芥酱）
53	12.09.04	其他香辛料加工品
54	13.01.01	婴儿配方食品
55	13.01.02	较大婴儿和幼儿配方食品
56	13.01.03	特殊医学用途婴儿配方食品
57	13.02.01	婴幼儿谷类辅助食品
58	13.02.02	婴幼儿罐装辅助食品
59	14.01.01	饮用天然矿泉水
60	14.01.02	饮用纯净水
61	14.01.03	其他类饮用水
62	14.02.01	果蔬汁（浆）
63	14.02.02	浓缩果蔬汁（浆）

序号	食品分类号	食品名称
64	15.03.01.01	无汽葡萄酒
65	15.03.01.02	起泡葡萄酒
66	15.03.01.03	调香葡萄酒
67	15.03.01.04	特种葡萄酒（按特殊工艺加工制作的葡萄酒，如在葡萄原酒中加入白兰地、浓缩葡萄汁等）
68	16.02.01	茶叶、咖啡

注：来源于《食品安全国家标准 食品添加剂使用标准》（GB 2760—2024）中表 A.2。

第三部分　可用于各类食品的添加剂（特定标注的食品类别除外）

序号	食品添加剂功能类别	食品添加剂名称	不可添加的食品类别	最大使用量
1	酸度调节剂	DL-苹果酸	第二部分中编号为 1～68 的食品	按生产需要适量使用
2	酸度调节剂	DL-苹果酸钠	第二部分中编号为 1～68 的食品	按生产需要适量使用
3	酸度调节剂	L-苹果酸	第二部分中编号为 1～68 的食品	按生产需要适量使用
4	酸度调节剂	L-苹果酸钠	第二部分中编号为 1～68 的食品	按生产需要适量使用
5	酸度调节剂	冰乙酸（低压羰基化法）	第二部分中编号为 1～68 的食品和 12.03 食醋	按生产需要适量使用
6	酸度调节剂	冰乙酸（又名冰醋酸）	第二部分中编号为 1～68 的食品和 12.03 食醋	按生产需要适量使用
7	酸度调节剂、抗氧化剂	柠檬酸	第二部分中编号为 1～15、17～53、59～62、64～68 的食品	按生产需要适量使用
8	酸度调节剂	柠檬酸钾	第二部分中编号为 1～53、59～62、64～68 的食品	按生产需要适量使用
9	酸度调节剂、稳定剂	柠檬酸钠	第二部分中编号为 1～53、59～62、64～68 的食品	按生产需要适量使用
10	酸度调节剂	柠檬酸一钠	第二部分中编号为 1～53、59～62、64～68 的食品	按生产需要适量使用
11	酸度调节剂	葡萄糖酸钠	第二部分中编号为 1～68 的食品	按生产需要适量使用
12	酸度调节剂	乳酸	第二部分中编号为 1～4、6～53、57～68 的食品	按生产需要适量使用
13	酸度调节剂	碳酸钾	第二部分中编号为 1～31、33～53、57～68 的食品	按生产需要适量使用

序号	食品添加剂功能类别	食品添加剂名称	不可添加的食品类别	最大使用量
14	酸度调节剂	碳酸钠	第二部分中编号为1～30、33～68的食品	按生产需要适量使用
15	酸度调节剂	碳酸氢钾	第二部分中编号为1～53、57～68的食品	按生产需要适量使用
16	抗结剂、增稠剂、稳定剂	微晶纤维素	第二部分中编号为1～4、6～68的食品	按生产需要适量使用
17	抗氧化剂、护色剂	D-异抗坏血酸及其钠盐（包括D-异抗坏血酸，D-异抗坏血酸钠）	第二部分中编号为1～62、64～68的食品	按生产需要适量使用
18	面粉处理剂、抗氧化剂	抗坏血酸（又名维生素C）	第二部分中编号为1～5、10～62、68的食品	按生产需要适量使用
19	抗氧化剂	抗坏血酸钙	第二部分中编号为1～62、64～68的食品	按生产需要适量使用
20	膨松剂、面粉处理剂、稳定剂	碳酸钙（包括轻质碳酸钙，重质碳酸钙）	第二部分中编号为1～68的食品	按生产需要适量使用
21	膨松剂	碳酸氢铵	第二部分中编号为1～56、58～68的食品	按生产需要适量使用
22	膨松剂、酸度调节剂、稳定剂	碳酸氢钠	第二部分中编号为1～56、58～68的食品	按生产需要适量使用
23	着色剂	柑橘黄	第二部分中编号为1～31、33～68的食品	按生产需要适量使用
24	着色剂	高粱红	第二部分中编号为1～68的食品	按生产需要适量使用
25	着色剂	天然胡萝卜素	第二部分中编号为1～68的食品	按生产需要适量使用
26	着色剂	甜菜红	第二部分中编号为1～68的食品	按生产需要适量使用
27	乳化剂、被膜剂	单、双甘油脂肪酸酯	第二部分中编号为1～4、6～11、13～14、16～30、32～53、59～68的食品	按生产需要适量使用
28	乳化剂	改性大豆磷脂	第二部分中编号为1～68的食品	按生产需要适量使用
29	乳化剂	酪蛋白酸钠（又名酪朊酸钠）	第二部分中编号为1～68的食品	按生产需要适量使用
30	抗氧化剂、乳化剂	磷脂	第二部分中编号为1～4、6、8～53、59～68的食品	按生产需要适量使用
31	乳化剂	酶解大豆磷脂	第二部分中编号为1～68的食品	按生产需要适量使用
32	乳化剂	柠檬酸脂肪酸甘油酯	第二部分中编号为1～68的食品	按生产需要适量使用

序号	食品添加剂功能类别	食品添加剂名称	不可添加的食品类别	最大使用量
33	乳化剂	乳酸脂肪酸甘油酯	第二部分中编号为 1～68 的食品	按生产需要适量使用
34	乳化剂	辛烯基琥珀酸淀粉钠	第二部分中编号为 1～4、6～68 的食品	按生产需要适量使用
35	乳化剂	乙酰化单、双甘油脂肪酸酯	第二部分中编号为 1～68 的食品	按生产需要适量使用
36	增味剂	5′-呈味核苷酸二钠（又名呈味核苷酸二钠）	第二部分中编号为 1～68 的食品	按生产需要适量使用
37	增味剂	5′-肌苷酸二钠	第二部分中编号为 1～68 的食品	按生产需要适量使用
38	增味剂	5′-鸟苷酸二钠	第二部分中编号为 1～68 的食品	按生产需要适量使用
39	增味剂	谷氨酸钠	第二部分中编号为 1～68 的食品	按生产需要适量使用
40	水分保持剂、乳化剂	甘油（又名丙三醇）	第二部分中编号为 1～68 的食品	按生产需要适量使用
41	水分保持剂	乳酸钾	第二部分中编号为 1～68 的食品	按生产需要适量使用
42	水分保持剂、酸度调节剂、抗氧化剂、膨松剂、增稠剂、稳定剂	乳酸钠	第二部分中编号为 1～68 的食品	按生产需要适量使用
43	稳定剂、增稠剂	α-环状糊精	第二部分中编号为 1～68 的食品	按生产需要适量使用
44	稳定剂、增稠剂	γ-环状糊精	第二部分中编号为 1～68 的食品	按生产需要适量使用
45	稳定和凝固剂、酸度调节剂	葡萄糖酸-δ-内酯	第二部分中编号为 1～4、6～68 的食品	按生产需要适量使用
46	甜味剂	赤藓糖醇	第二部分中编号为 1～68 的食品	按生产需要适量使用
47	甜味剂	罗汉果甜苷	第二部分中编号为 1～68 的食品	按生产需要适量使用
48	甜味剂	木糖醇	第二部分中编号为 1～68 的食品	按生产需要适量使用
49	乳化剂、稳定剂、增稠剂、甜味剂	乳糖醇（又名4-β-D 吡喃半乳糖-D-山梨醇）	第二部分中编号为 1～4、6～49、54～68 的食品	按生产需要适量使用
50	增稠剂	阿拉伯胶	第二部分中编号为 1～48、50～68 的食品	按生产需要适量使用
51	增稠剂	醋酸酯淀粉	第二部分中编号为 1～30、32～68 的食品	按生产需要适量使用

序号	食品添加剂功能类别	食品添加剂名称	不可添加的食品类别	最大使用量
52	增稠剂	瓜尔胶	第二部分中编号为1～68的食品	按生产需要适量使用
53	乳化剂、稳定剂、增稠剂	果胶	第二部分中编号为1～4、6～9、11～30、33～46、48～49、54～68的食品	按生产需要适量使用
54	增稠剂	海藻酸钾（又名褐藻酸钾）	第二部分中编号为1～68的食品	按生产需要适量使用
55	增稠剂、稳定剂	海藻酸钠（又名褐藻酸钠）	第二部分中编号为1～4、6～9、11～30、33～49、54～61、63～68的食品	按生产需要适量使用
56	增稠剂	槐豆胶（又名刺槐豆胶）	第二部分中编号为1～68的食品	按生产需要适量使用
57	稳定剂、增稠剂	黄原胶（又名汉生胶）	第二部分中编号为1～4、6～49、54～61、63～68的食品	按生产需要适量使用
58	增稠剂	甲基纤维素	第二部分中编号为1～68的食品	按生产需要适量使用
59	增稠剂	结冷胶	第二部分中编号为1～68的食品	按生产需要适量使用
60	增稠剂	聚丙烯酸钠	第二部分中编号为1～68的食品	按生产需要适量使用
61	乳化剂、稳定剂、增稠剂	卡拉胶	第二部分中编号为1～4、6～9、11～30、32～49、54～61、63～68的食品	按生产需要适量使用
62	增稠剂	磷酸酯双淀粉	第二部分中编号为1～68的食品	按生产需要适量使用
63	增稠剂	明胶	第二部分中编号为1～68的食品	按生产需要适量使用
64	增稠剂、膨松剂、乳化剂、稳定剂	羟丙基淀粉	第二部分中编号为1～68的食品	按生产需要适量使用
65	增稠剂	羟丙基二淀粉磷酸酯	第二部分中编号为1～4、6～68的食品	按生产需要适量使用
66	增稠剂	羟丙基甲基纤维素（简称"HPMC"）	第二部分中编号为1～68的食品	按生产需要适量使用
67	增稠剂	琼脂	第二部分中编号为1～68的食品	按生产需要适量使用
68	增稠剂	酸处理淀粉	第二部分中编号为1～68的食品	按生产需要适量使用

序号	食品添加剂功能类别	食品添加剂名称	不可添加的食品类别	最大使用量
69	增稠剂、稳定剂	羧甲基纤维素钠	第二部分中编号为 1～4、6～68 的食品	按生产需要适量使用
70	增稠剂	氧化淀粉	第二部分中编号为 1～68 的食品	按生产需要适量使用
71	增稠剂	氧化羟丙基淀粉	第二部分中编号为 1～68 的食品	按生产需要适量使用
72	增稠剂	乙酰化二淀粉磷酸酯	第二部分中编号为 1～68 的食品	按生产需要适量使用
73	增稠剂	乙酰化双淀粉己二酸酯	第二部分中编号为 1～68 的食品	按生产需要适量使用
74	其他	半乳甘露聚糖	第二部分中编号为 1～68 的食品	按生产需要适量使用
75	其他	氯化钾	第二部分中编号为 1～60、62～68 的食品和自然来源类饮用水	按生产需要适量使用